光尘
LUXOPUS

Invitation
To
Existential
Psychology

存在主义心理学的邀请

［丹麦］博·雅各布森——著

郑世彦——译

北京联合出版公司
Beijing United Publishing Co.,Ltd.

图书在版编目（CIP）数据

存在主义心理学的邀请 /（丹）博·雅各布森著；
郑世彦译 . -- 北京：北京联合出版公司，2022.8（2024.12 重印）
  ISBN 978-7-5596-6234-7

Ⅰ. ①存… Ⅱ. ①博… ②郑… Ⅲ. ①存在主义—心理学学派—通俗读物 Ⅳ. ① B84-066

中国版本图书馆 CIP 数据核字（2022）第 109961 号

北京市版权局著作权合同登记 图字：01-2022-2962
Copyright © 2007 John Wiley & Sons Ltd.
All Rights Reserved. Authorised translation from the English language edition published by John Wiley & Sons Limited. Responsibility for the accuracy of the translation rests solely with Beijing Guangchen Culture Communication Co.,ltd and is not the responsibility of John Wiley & Sons Limited. No part of this book may be reproduced in any form without the written permission of the original copyright holder, John Wiley & Sons Limited.

存在主义心理学的邀请
Invitation to Existential Psychology: A Psychology for the Unique Human Being and its Applications in Therapy

作　者：［丹麦］博·雅各布森
译　者：郑世彦
出品人：赵红仕
责任编辑：孙志文
产品经理：王乌仁
特约监制：李思丹
出版统筹：马海宽　慕云五

北京联合出版公司出版
（北京市西城区德外大街 83 号楼 9 层　100088）
北京联合天畅文化传播公司发行
三河市中晟雅豪印务有限公司　新华书店经销
字数 179 千字　880×1230 毫米　1/32　9.25 印张
2022 年 8 月第 1 版　2024 年 12 月第 6 次印刷
ISBN 978-7-5596-6234-7
定价：59.00 元

版权所有，侵权必究
未经书面许可，不得以任何方式转载、复制、翻印本书部分或全部内容
本书若有质量问题，请与本公司图书销售中心联系调换。电话：（010）64258472-800

目录

- V 中文版序言
- XIV 推荐序一 存在主义心理学的盛宴
- XVII 推荐序二 无法被定义的存在主义心理学
- XXIII 推荐序三 全然地去活着
- XXVII 前言

第 1 章 什么是存在主义心理学

- 002 存在主义心理学
- 003 真实的人和现象学的角色
- 007 心理学能够关切生活本身吗
- 009 三个基本的生活概念
- 019 人生大问题
- 025 什么是本真地生活
- 032 存在主义心理学为何与众不同

第 2 章　幸福与痛苦

- 038　幸福与痛苦的概念
- 039　主流社会学和心理学眼中的幸福
- 042　人本主义心理学眼中的幸福
- 046　什么是痛苦
- 048　对待痛苦的四种方式
- 059　存在主义视角下的幸福
- 064　幸福在治疗中的角色

第 3 章　爱与孤独

- 071　爱是什么
- 074　爱之种种
- 076　有可能爱所有的人吗
- 080　孤独在人类生活中的角色
- 083　为何孤独如此难以面对
- 085　人类能否学会独处
- 087　个人发展与社会关系能并行不悖吗
- 098　爱是一种文化和社会现象
- 099　如何解决爱和孤独的问题

第 4 章　成功与逆境

- 104　什么是危机，什么是创伤
- 105　有关危机和治疗的其他学派
- 109　危机的存在主义理论
- 115　危机的三个维度
- 123　我们该如何度过危机
- 130　危机：要还是不要

第 5 章　死亡焦虑与投入生活

- 135　走近死亡
- 145　死亡焦虑的三种理论
- 155　接触死亡的影响
- 162　怎样才能帮助临终者
- 166　与死亡和解

第 6 章　选择与责任

- 171　如何做出重要的人生决定
- 177　关于决定的理论
- 182　你的决定如何影响你成为自己
- 188　真的无法自由选择吗
- 189　现在的生活是否由外部力量决定
- 195　文化和社会是否决定了现在的生活
- 198　我们能否接管自己现在的生活

第 7 章　混乱与意义

- 208　生活的目标、意义和价值
- 209　你的生活有什么目标和意义
- 218　生活的目标和意义会变化吗
- 225　生活价值：跨文化视角和全球化世界
- 227　根据生活价值重新定向人生
- 230　在纷乱的世界中追求有意义的生活

- 233　附录一　存在主义学者及其主要著作
- 251　附录二　存在主义治疗的基本特征

- 255　参考文献

中文版序言

获悉《存在主义心理学的邀请》现在以简体中文出版,并面向中国读者,我感到非常高兴。我非常感谢中国的出版社和中国的译者,是他们让这一切成为可能。

我很感激,因为存在主义心理学所传递的内容是跨文化的、普遍的。我相信东西方之间的文化思想交流,并希望我们能够相互学习。

这本书主要以欧洲哲学为基础,从西方传递到东方。不过,有些文化影响则相反。例如,我经常练太极拳和气功。这些美妙的活动是从东方传到西方的。我的丹麦太极拳教练跟随中国太极拳老师学习多年;也许在太极拳的身心哲学和我的存在主义心理学理论之间,有着某种奇妙的联系。尤其太极拳身心哲学认为身体和心灵以不同的方式表达相同的主题,这一思想与存在主义心理学理论有异曲同工之妙。

存在主义心理学描述了所有的日常想法、感觉和活动如何与我们的基本生活情境或生活困境相关。这本书就是关于这些生活情境和生活困境的。在某种程度上，你可以说，存在主义心理学教我们透过现象看本质，透过那些人们用来遮蔽自己的身份、观点和习惯，去直面生活的核心。就像我的同胞安徒生在童话故事《皇帝的新装》中所写的那个小男孩一样，他能够看到最本质的东西。存在主义心理学家试图做同样的事情：直击核心。

我是一名存在主义心理学家和治疗师，住在距中国万里之遥的丹麦。因此，通过这本书，我从世界上的一个地方向另一个地方传递信息。我相信有一些价值观是普遍的，是我们之间共享的。我们人类有非常重要的共同点。

几乎所有人都努力在个人生活中达到某种幸福和满足。我们都需要一个密切的社会关系网络来滋养个人生活。我们中的大多数人都在照顾自己和照顾重要他人之间寻求一种平衡。我们中的许多人还想为这个世界做出贡献，使这个世界因为自己的存在变得更加美好。所有这些都是我们在全世界共享的生命价值观。

我相信，存在主义心理学及其在指导、教育、咨询和治疗中的应用是跨国度和跨文化的，可以在许多不同的文化中取得丰硕的成果。身为人类的意义，人类的基本特征和困境，在世界各地都是大同小异的；每个人目前都面临着全球性的问题，例如，我们的气候危机。这些问题需要一种重视个体责任和基本生命价值的心理学。

这本书就是谈论这些生活情境和生活困境的。欧文·亚隆谈到了四个终极关怀（ultimate concerns）。此书以他的理论为基础，但我谈到了生活困境，以强调人类总是面临选择。存在主义心理学描述并解释了我们的日常活动、快乐和忧虑如何与这些基本生活困境相关。

我在书中列举了六种基本的生活困境。你也可以称之为六种基本的生活挑战。这些生活困境是普遍的和跨文化的。你会发现它们遍布世界各地，潜藏在个人日常生活的表层之下。

我认为，在中国和西欧都能发现这些基本的生活困境。现在一个非常有趣的问题是：这些生活困境在不同的文化（即东方和西方）中，会以同样的形式出现？还是说它们在东方和西方有不同的面貌？

例如，对死亡的焦虑（见本书第5章）在东方和西方是一样的，还是以不同的方式出现？其他类型的焦虑呢？它们在东方和西方的表现是相同的，还是不同的？我推测，死亡焦虑和其他类型的焦虑在世界各地都相差无几。不过，死亡焦虑在不同的地方可能有不同的来源。

其他的基本生活困境也有同样的跨文化相似性吗？例如，个人自由和社会关系之间的基本生活困境（见本书第3章和第6章）。在这个领域，我推测存在更多的文化差异。但我的观点是，人的基本需求是普遍的：我们都需要拥有个人自由和对社群的归属感，后者可以让我们找到爱和友谊。然而，个性和归属群体之间的平衡在各国之间似乎非常不同。

所以，东方人和西方人的生活有多少不同，又有多少相同？东方人和西方人的焦虑是否完全一样？

世界各地的人都有焦虑的经历。有些人饱受焦虑之苦，他们的工作或生活都明显受到限制，甚至有时被摧毁。他们失去了快乐。这种焦虑或担忧可能有很多来源：我和我的孩子会有未来吗？我会有合适的工作吗？我能否找到配偶并建立一个家庭？我是否会失去我的配偶或工作？我会很快就失去父母吗？我的身体是否健康？我是否能够长寿，还是会很快死去？

如果条件允许的话，世界各地的人都会因焦虑发作寻求帮助。他们去找医生，去找心理学家，或者去找宗教从业者，他们会说："请帮助我摆脱这种焦虑，或者至少帮助我与之和谐共处！"

焦虑是普遍存在的。因此，非常重要的是，东方人和西方人都需要了解什么是焦虑。我们都知道焦虑是如何表现的。它有一些众所周知的身体症状，以及一些不明确和不切实际的想法。但什么是焦虑？

心理学和医学理论中，我们对焦虑有两种理解。一种是把焦虑看作一种限定和孤立的精神状态。鉴于这种理解，解决办法就是找到一种技术性的手段，消除或减少焦虑。例如，你可以服用一颗药丸，或者接受认知行为的心理治疗。在这种治疗中，精神病学家或心理学家会采用调查表和计划表，让病人记录他或她每天对特定的焦虑因素的反应。他或她需要尝试给自己的反应打分，描述某件事发生的可能性有多大，以及引起焦虑的事件发生的可能性有多大。焦虑可以通过技术性的手段来消除或减弱，这一观点让我想起了外科手术或工程领域。

相比之下，存在主义心理学（以及相关的心理学流派，如精神分析取向和精神动力学取向的整体观）以一种截然不同的方式看待焦虑问题。他们认为，焦虑属于一个人的整体生活，是这个人的整体生活过得好不好的一个重要标志。因此，如果一个人抱怨自己焦虑，存在主义治疗师会对他说："你对一些事情感到焦虑。这一定很艰难。但让我听听你生活的其他部分。你对现在的工作有多满意？你对目前居住的地方有多满意？你对自己与父母和其他家人的关系有多满意？你对自己与朋友和同事的关系有多满意？你对自己的身体、健身计划和其他生活兴趣有多满意？最重要的是，你对自己的基本生活价值有多满意？"

很多时候，这个人根本就没有过上健康和充实的生活。焦虑通常是一个信号，一个警告，表明你的整个生活有一些根本性的问题。因此，治疗师会与来访者讨论一个又一个生活领域：我们如何能让你在这个生活领域更快乐？如何在那个生活领域更快乐？在另一个生活领域呢？

在密切的合作中，来访者和治疗师将会尝试新的行为方式，并重新排列事情的重要等级。因此，从一个领域到另一个领域，这个人将焕然一新，开始过上更满意的生活。最后，焦虑会消失或变得非常轻微，这个人可能会说："看看！我的焦虑已经消失了。我真正的生活与它无关！"

让我举一个遵循存在主义模式治疗焦虑症的简单例子。我在丹麦哥本哈根从事存在主义心理治疗。我为丹麦的来访者工作，也为来自欧洲其他国家的来访者工作，因为我会说英语、德语和法语。我使用存在主义的方法处理各种生活问题——有时也结合其他方法。

去年，我收到一位 59 岁男子的电子邮件，信中写道："请问你能帮助我吗？我患有严重的焦虑症，严重到我无法工作；我的妻子提议离婚，因为我总是抱怨我的健康状况。"当这个人来到我的办公室时，我对他说："你身体里似乎有一个病态的部分，它被一些错误的假设所占据，让你认为自己患有各种癌症、严重的心脏病和硬化症，即使所有医生都向你保证根本没有这些问题。"

"我不想了解你生病的部分，"我彬彬有礼地对他说（这使他大为吃惊），"让我们只关注你健康的部分，看看我们能做些什么来发展它。当我们成功地发展了你健康的部分，你生病的部分将会随之萎缩。因为在你的大脑和身体里没有足够的空间容纳两者。"

我们的治疗从我询问他的体育活动开始。"你的身体能做些什么？你能走路吗？你能跑步吗？你能骑自行车吗？"他很少做这些活动！它们会引发他对心脏病发作的焦虑。我安排他每天去跑步，用这种方式去对抗焦虑。令我惊讶的是，他下一次过来时，脸上带着喜悦和骄傲。这张脸，一周期前还是那么沮丧，那么厌世。他笑着告诉我："一切都很顺利。第一天我跑了100米，第二天跑了200米，第三天跑了400米，最后我跑了2公里。"他找回了年轻时进行体育锻炼的欢乐。年轻时，他曾是一名精英士兵。

所以，我建议他应该继续他的体育活动，并尽可能地扩展它们。每天在附近的树林里跑一会儿，享受身处自然的乐趣。他还应该多骑自行车，多去游泳，或者和朋友踢足球。而这些活动也确实很有效：一方面是因为这给他带来了一种内在的成功和身体健康的感觉，另一方面是因为他不可能在奔跑的同时心里想着疾病。健康和病态互不相容。

接下来的一周，我建议他开始每天工作几个小时。这一步对他来说也很有好处。他不可能在工作的同时体会到疾病的迹象。

再接下来的一周，他在工作和运动领域都进行了扩展。妻子之前与他闹离婚，因为他总是躺在沙发上，抱怨自己的疾病。我建议他闭上嘴，停止谈论自己。相反，他应该对妻子说一些好听的话，并为家人做晚餐。这产生了非常好的效果。他的家庭生活得到了显著改善，他们又开始邀请朋友来家里吃饭，并且收到了朋友的回请。他现在体会到，他的家庭生活和社交生活变得越来越好，越来越令人满意。

随着他的身体和心灵的改善，是时候查看他关于自己患病的错误想法了。"你脑子里怎么会有这些奇怪的想法呢？"我问他。我们谈论了他到目前为止的整个生活。然后，我突然发现了一个非常有趣的现象：当我们谈到他的年龄和他的生日时，他会变得非常紧张。特别是整岁生日对他来说是非常可怕的。他讨厌30岁、40岁和50岁！而现在他接近60岁了。"那么，60岁有什么大不了的呢？"我几乎要喊出来，"我自己早就过了60岁。这没有什么！除了有一个更大的生日派对，它和59岁和61岁没什么不一样。但生日实际上只是个信号，表明又过去了一年，你在这个世上的生命又少了一年。"

他听了这些话，显得有些颤抖。现在，他渐渐意识到，他根本无法想象自己的死亡。他不愿意谈论这个问题。他根本不愿意谈及死亡的话题。

通过几次面谈，我逐渐邀请他正视和面对自己的死亡。"直面死亡有什么危险吗？"我问道，"生活中只有两件事是我们可以绝对确定的。第一件是我们有一天会死。另一件是我们不知道什么时候会死。"

对我这个心理学家来说，这可能没什么大不了的。但对他来说则不是这么回事！他所遭受的基本上就是死亡焦虑（一种经典的存在主义"疾病"），而他表面上的健康焦虑实际上是这种基本的存在主义痛苦的衍生物。治疗的方法就是让他想象，如果他明天就要死了，他会怎么做？如果一个月后要死，他又会怎么做？在60岁的那一天呢？65岁那一天呢？70岁呢？75岁呢？80岁呢？我经常与我的来访者讨论这些问题。在这里，要和来访者讨论的关键问题就是我在本书中谈到的人生悔恨（见第1章）。如果你不得不在明天或半年后死去，你的人生任务中有哪些是你没来得及完成的？

当这个男人和我彻底讨论了这些具体而详细的生活问题之后，他的健康焦虑消失了，他打电话给我："谢谢你，博！我不需要再去见你了。我非常感谢你所做的一切。"

"是你自己做到的，"我说，"很荣幸能帮你一点忙，见证你再次征服自己的生活。"

这次治疗的最后一部分是经典的存在主义。第一部分也受到米尔顿·艾瑞克森（Milton Erickson）的间接催眠方法的启发，这种方法与存在主义取向结合得非常好。

所以，亲爱的中国读者，这是最近在我生活的地方发生的一次存在主义治疗。现在你可能会想：同样的存在主义治疗会发生在中国吗？如果会的话，为了使其发挥作用，这种治疗方法需要进行哪些调整或改造呢？

也许有一天，你会创造出属于自己的中国存在主义心理学和治疗方法，它将保持存在主义取向中重要的普遍关怀和价值，同时与你自己的文化传统发生绝妙的共鸣。

最后，祝愿大家好运，拥有幸福而有意义的生活！

博·雅各布森
于哥本哈根
2022-9-18

推荐序一

存在主义心理学的盛宴

《存在主义心理学的邀请》马上要在中国出版了，作者是博·雅各布森，译者是郑世彦，两位都是我佩服、喜欢的人。多前年，当我第一次读到博的这本书，就有翻译它的想法，后来看到世彦已经着手翻译，也十分欣悦。

博·雅各布森在欧洲颇有影响力，我与他相识于第一届世界存在治疗大会（伦敦，2015 年）。大会发起人埃米·凡·德意珍邀请我参加这次盛会。在大会召开之前，作为大会的组织者之一的博安排我参与大会的圆桌对话、工作坊、案例呈现等活动。他主持了一场来自俄罗斯、美国、中国、阿根廷、葡萄牙等五个国家的存在主义治疗的现场案例呈现。我作为中国代表呈现了一个治疗案例，并现场回答听众提问。在我的印象里，博非常朴素，会场里好像到处都是他的影子，他把每一件事都安排得妥妥帖帖，照顾好每一位会议参与者。他待人处事如此，著书立说也是如此。

在《存在主义心理学的邀请》中，博从存在主义心理学的视角，自然延展到存在主义哲学、现象学，存在主义治疗、精神分析，以及与存在议题（existential givens）相关的研究，如死亡、焦虑、创伤、危机、选择、自由、责任等人生重大话题。他对这些领域的知识都非常熟悉，旁征博引，如数家珍，不知不觉间，你的知识范围和思想视野随着书中的内容大大拓展。博不仅呈现了各位大学者的思想与方法，还同时对它们进行鉴别或辨析，每一种思想都显示各自的本质，呈现它们的异同。

这本书还体现了博从治疗实践中历练出来的鉴赏力，他把我们引导到存在主义哲学和现象学的思想者的聚会，让我们品尝尼采、克尔凯郭尔、雅斯贝尔斯、海德格尔、保罗·蒂利希、约翰·麦奎利、奥托·博尔诺等酝酿好的美酒，又为我们添加弗洛伊德、荣格等精神分析大师的思想佳肴，他特别向我们介绍存在主义心理学、存在主义心理治疗领域的倡导者们的思想，如梅达尔·博斯、罗纳德·莱恩、维克多·弗兰克尔、卡尔·罗斯杰、夏洛蒂·布勒、罗洛·梅、埃里克·弗洛姆、克拉克·穆斯塔卡斯，以及当今世界存在治疗领域的领导者们，如欧文·亚隆、埃米·凡·德意珍和厄内斯特·斯皮内利、米克·库帕等。

读这本书的时候，我沉浸在一种存在主义哲学、现象学，存在主义心理学、精神分析等思想的交互影响之下，与各位大师、学者一起对人性、对生活重大话题、对心理治疗进行深入探讨，找到了思想上的归属感。

正如博所言，心理学不仅仅是用来诊断心理疾病的，更重要的是，心理学还必须告诉人们如何成为一个更完整的人，如何获得更多活力，如何面对人生逆境，如何接近幸福和爱的状态，以及如何接纳生活中的好与坏。存在主义心理学强调我们生活中特定的人性维度，侧重于让人看到对自己的反思，选择过怎样的生活，成为怎样的人。所以，即便你不是心理学从业者，也能读进去，甚至读到入迷。

我与世彦相识于第一届存在主义心理学国际会议（南京，2010年），此后十余年里我们过从甚密，成为朋友。我接受他的邀请为这本书写序，但写着写着内心生出冲动，忍不住想为本书写一个"导读"，把我在读它的过程中想到的全都写出来。或许将来我也可以写一本存在主义心理治疗的书，来呼应这本《存在主义心理学的邀请》，算是对本书的解读，也算是一场对话。

南京直面心理咨询研究所所长
王学富

推荐序二

无法被定义的存在主义心理学

什么是存在主义心理学?

在一次圆桌讨论中,一位中国同事向我提出了这个基本的问题。对我们这些自认为是存在主义心理学家的人来说,这是一个很直接、很常见的提问。

我努力给出一个恰当的答案,但存在主义取向如此包罗万象,很难一言以蔽之。我正准备回答时,这位同事说道,存在主义心理学似乎很神秘,治疗师帮助患者邂逅某种形式的美,然后转变就奇迹般地发生了。

她的话给我留下了深刻的印象,让我怀疑这是否就是人们对存在主义心理学的普遍看法。这位同事就像是遇到了一只自诩为存在主义心理学家的神兽,想要验证魔法是否真实存在。她只是好奇,没有一点不尊重,说的也没错,因为追求美确实是存在主义治疗的基本要素。我乐见她的好奇,但同时也对大部分人对存在主义心理学的有限认知感到沮丧。

因此，我很高兴有机会为《存在主义心理学的邀请》作序，我希望人们读完这本书，不再把存在主义心理学当成一种魔法，而是欣赏它的丰富性以及它所提供的一切。

作为一个存在主义心理学家，你如何定义"存在"？

在苏州的一场工作坊讲座上，我再次被问到这个问题。

一位有点沉默寡言的学生鼓起勇气问我是不是一个存在主义心理学家。我忐忑地回答"是的"，我也意识到她还有别的意思。她接着问："那么，你如何定义'存在'？"又一个直接且合理的问题难住了我。对一间无处可藏的小工作坊来说，这可不是一个好的开始。我呆住，迟疑了一下。这时，有一位学生解救了我，他鼓励询问者等待答案，因为工作坊讲座才刚开始。还有一位学生分享道，这类抽象的术语不能被简单定义。

我回过神来，继续教学，并利用这个机会指出，生活中最重要的概念并不容易被定义。因此，我们不去定义，而是去描述，这是现象学的基础。虽然定义带给我们某种形式的确定性和控制，但它也限制了我们。虽然描述不够精确，但它们提供了对可能性的开放，让我们能更接近自己所试图理解的现象。

接着，我问这位提问的学生，她如何定义一些重要的概念，如爱、自由、意义等。我试图帮助这位挣扎的询问者去反思认识论的本质，即我们是如何知道我们所知道的。我希望她可以开始认识到，"存在"就像我们生活中大部分重要的概念一样，广阔到不能仅凭定义来概括。毕竟，《道德经》的开篇就告诉我们：道可道，非常道；名可名，非常名。

然而，讲座进行到一半，这位提问的学生的失望情绪越来越明显，她越来越沉默，可以看出她很苦恼，这种氛围一直笼罩着讲座的第一天。第二天她没有来工作坊。

回头看，我必须承认，我不喜欢这样的挑战。同时，我也因这位学生的痛苦而难过，我无法满足她的需要，这让我更难接受。

美国著名发明家本杰明·富兰克林曾写道："伤害我们的事物能给予我们指导。"失败的感觉萦绕我许久，直到一位学生和我分享了她类似的挣扎。她的同事得知她对存在主义心理学的热情后，问她："请告诉我，什么是存在主义心理学？"这个有点尖锐的问题激发她想提供一个全面的答案。但她越是努力，同事后续的问题就越尖锐。最终，她被激怒了："我无法给你一个关于存在主义心理学的客观定义，我最多只能告诉你，我对于存在主义心理学的理解，以及它对我来说意味着什么。"听到这个回答后，同事终于心软，甚至在第二天向她道歉。分享这个故事时，她希望从我这里得到一些指导。讽刺的是，我却因此得到了宽慰。

这让我想起了现象学的基本前提，即真实的现实对我们来说是未知的，也是不可知的。哲学家伊曼努尔·康德指出，我们的心灵永远无法认识事物本身（本体），只能认识事物在我们面前的样子（现象）。我想给出一个客观的答案，然而根据现象学，这几乎是不可能的。相反，我所能提供的，只有我自己关于存在、爱、道的客观体验（现象），并邀请其他人通过他们的主观性一起感受存在。所以，如果再来一次，我会分享我主观的、基于现象学的关于自身存在的体验，希望给处于混乱中的学生带来一些安慰（而不是答案）。

我想与这位学生分享我的一个深刻的存在主义的瞬间。21年前，在离开美国回到亚洲时，我把我的狗交给了我妹妹，它已经很老了，我知道这是我们最后的离别，但我的狗不知道。意识是生活的蜜糖，也是砒霜。对我而言，存在就是我转身开始旅途前，它脸上绝望的表情。我知道这是我最后一次看到它，它的表情将永远刻在我脑海里。

分享我对自己存在的主观描述，我希望这样一个关于个人主观性的共同体，可以为这位学生创造一个滋养的环境，让她的痛苦和急切的询问通过陪伴而转化。如果她能听到会作何回应？是否依旧沉默？我们的主观性是否会在不可避免的、无处不在的遭遇中相逢，这一遭遇正是存在的一部分。准确地说，我的分享并没有在客观上回答她的疑问。我没有给她一个定义。另一方面，我分享的主观经验确实包括了存在既定的所有要素，或者按照欧文·亚隆的说法，包括了终极关怀的所有要素。

事实上，根据本书作者雅各布森博士的观点，一个人无须深入凝视就能遇到生活中的这些重大议题。对我而言，这些重大议题可能是什么呢？

我的狗垂垂老矣，不久于世，而我没有选择陪它到最后。我们的分别，不仅是离别，也是一种有限性，我们在一起的时光因死亡或其他情况而不可避免地结束。我意识到这是我们最后的相聚。如果我能像我的狗一样没有这种意识，我将不会如此痛苦。谁能准确地说出，它在分离时意识到了什么？还有关于自由和选择的议题。为什么我选择离开它踏上回亚洲的旅程？这趟旅程的本质是什么，它将通向何方？放弃一种舒适和可预见的生活，去拥抱不确定和可能性？我仍在努力解答这些天真的问题，我仍在追寻幸福和满足。原本设想是一趟短暂的旅程，至多一两年，迄今却已过21载，目光所及，仍无尽处。而追寻的代价是，我要离开爱犬的陪伴与爱、社区的支持。

雅各布森博士在这本书中阐述了生活中所有这些存在主义的重大问题。我的故事，我的见证，我在生活中采取的关于如何真实生活的存在主义立场，都浓缩在一个瞬间。这是抽象和象征主义的艺术的本质。这就是为什么存在主义心理学更适合艺术而不是科学团体。同样，我永远不会知道这个备选答案对那位学生会有什么影响。那个瞬间已逝，一去不返。我只知道这个答案更真实，更具启发性。还有一点意义是，它现在也是我开设的存在主义心理学工作坊的开场的一部分。

此刻，我的故事变成文字，它还成了我工具箱里的另一个工具，可以让人们更多地了解存在主义心理学。在中国，很多心理学专业人士和爱好者都读过亚隆的著作，这构成了他们对存在主义心理学的初步认识。亚隆是一位极有天赋的作家，他能够综合、澄清一些存在主义心理学和心理学中的基本概念，这是对整个心理健康领域的巨大贡献。但正如雅各布森博士在这本书中指出的，如果一个人只读亚隆，他会对这个从存在主义哲学中汲取大量营养的心理学取向有一个有限的认知。因此，我鼓励读者深入阅读这本书，以拓宽对存在主义心理学在欧洲和美国的根源和分支的理解。

国际存在-人本心理学院（IIEHP）院长

杨吉膺

（本推荐序由童桐翻译）

推荐序三

全然地去活着

学习且临床这些年来,我对存在主义心理学有三个感悟:

第一个是栖居,存在主义心理学是一种现象学的相遇与对话,并不执着于经典精神分析的"考古"之术,或诸多后现代流派的"解构"之风,更多的是鼓励人们尽可能地去描述所处这个世界、这段关系、这帧情景与感知的勾勒,进而达到一种栖居的状态——全然的鲜活。

第二是旅伴,存在主义心理学临床的咨访关系并不是一种以咨询师作为权威或指导者的咨访对话,而更像是彼此作为人生旅途中的旅伴,咨询师甚至连导游的角色都不具备,而是陪伴彼此共同去经历、去进入、去承受、去挑战所遇到的一切。这寓意着在死亡、孤独、自由与责任、意义感面前,人人平等。

第三是当下与临在,"临在"与禅宗所提倡的"当下"互为阴阳,是一个整体。当下——一切皆虚妄,除非你在那儿。人不断地丢失自己,歪曲自己,夸大或缩小自己,皆因失去了

"当下",当这个"当下"重新被寻回时,自己仿佛又是弥散的,于是便有了"临在",即在每一个"当下",真正的自我可以自由地"降临",便是"临在"。

当我受邀为这本书写序而翻开它时,脑海中出现了与一个小组共同的经历。

多年以前,我曾带领过一个临终关怀的小组,这个小组一共12轮,每周一轮(90分钟),里面有8个成员,他们性别不同、年龄不同(30到60岁之间),相同的是他们都是晚期癌症患者,都还有不到12个月的寿命。

刚开始,组员们谈论的是为何他们得了癌症,又是为何变成了绝症,每个人都在检查过去的生活方式、职业特点和家族遗传病史,像侦探一样,大胆而又细心地做着各种假设,似乎这样就可以在健康失控体验中找回某种确定感一样。组员们一边心疼,一边又恨自己的身体,这个话题结束的标志是大家都在劝说着来探望自己的亲朋好友,要像对待神殿一样敬畏自己的身体。

幸福与痛苦。

后来组员们开始谈论各种恨意,有人说我这辈子没有做过坏事,为什么会这样——似乎我病了就等于我错了,疾病等同于某种惩罚;有人说谁伤害过自己,自己还没有报仇——似乎被压抑的愤怒还没来得及表达;有人说目前的香烟和酒品质量越来越差,所以人才会得癌——似乎对某种物质的依赖摧毁了自己的健康;有人说早知如此,就应该早跟伴侣离婚,因为对方一直对自己漠不关心——似乎在亲密关系里发现了自己是孤独的婴儿；有人说医学水平发展太慢了，医生都是白痴——似乎医生们都成了迫害者而不是协助者；等等。

在这些话题和情绪的编织下，小组的气氛非常压抑和无力，当时我也不知道该如何帮助这个小组，于是我问大家希望我如何提供帮助呢。有人回应说，不然你讲几个笑话吧，我们都累了，想放松一下，我说好。于是我非常尴尬地讲了几个冷笑话，大家配合我笑了几声，然后有组员说，原来健康人也有无能为力的时候！

爱与孤独。

经过这些互动，我与组员们的关系，组员与组员的关系越来越紧密，小组开始谈论跟爱和关注有关的话题，有人谈到自己的初恋，有人谈到自己刚进入社会时的雄心壮志，有人谈到还没有跟自己的爱人和孩子有足够多的散步的时间，有人甚至想去跳广场舞，想在一群人的目光下展现舞姿……他们是如此热爱生活，好像每一句话都在将当下紧紧地拥抱在怀里。

选择与责任。

小组过半了，这些将死之人，既焕发了诗人般的激情与浪漫，又沉淀了哲学家般的深刻与沉思，我不知道自己的回忆是否准确，当时我觉得跟一些超凡之人坐在一起感受悲喜，一起看这个人间。

剩下的时间，组员们把之前的恨过谁、爱过谁、不舍得谁糅合在一起，提炼出了一个词：遗憾。组员们开始谈论各种遗憾，就像是身处一列火车，本以为自己的车票是到终点的，却发现它奇幻地变成了半程票，于是不得不提前下车——车窗外的风景、车内喧闹的烟火气、驰骋的豪情、舒适的座椅，都将离去。

死亡与生命——都将离去。

后来小组结束了，组员们一个一个地走了，走的时候我都在病床边，每一个人走的时候都握着我的手，眼神中充满了我们还会再见的神采。我感觉自己参与了一个无比伟大的小组。

也许这就是作为一个小组带领者最深刻的体验——协助每一个组员在生命中真正地去活着，也许只有那么一刻，之后整个生命也将充盈、绽放光芒。

当我不断地翻看这本书的时候，这个小组的每一个人，每一轮，每一刻，每一声叹息，都浮现在了我的脑海中，而我脑子里那些"究竟发生了什么呢"的疑问也随之而解，人的生命是那么的宽广，又是那么的精深。

愿看到这本书的你，也能够踏上真正去活的旅程。

亚洲存在主义团体学会创立者

李仑

前言

这本书邀请我们从存在主义心理学的视角来探索人类生活的深度和广度。心理学不仅仅是用来诊断心理疾病的，更重要的是，心理学还必须告诉人们如何成为一个更完整的人，如何获得更有活力的感觉，如何面对人生逆境，如何接近幸福和爱的状态，以及如何接纳生活中的好与坏。

存在主义心理学强调我们生活中特定的人性维度，也就是说，人类与动物的不同之处。我们固然都有一个身体，并包含了大量的生物性过程。然而，使我们成为人类的并不是那些生物性。我们之所以成为人类，是因为我们能够反思自身的生物性以及生活中的每个方面，能够与人谈论生活中的各种问题，能够决定自己想要过什么样的生活。

现代心理学、精神病学和心理治疗的一个重要趋势是，关注生理学上的脑电波、神经递质和诊断状态的恢复。所有这些都有合理之处。然而，人类存在的本质仍然是：我们的焦虑、痛苦和烦恼与欢乐和潜力相互交织，共同潜藏在我们的生活中。我们所谓的病态与我们的资源、计划和目标，寻找生活意义的方式以及应对重大生活问题的方式，实际上是紧密相关的。

存在主义心理学专注于存在性质的生活问题或生活困境，这些问题在我们这个时代越来越凸显：如何过上有意义的生活？在这个世界上有可能体验到爱和幸福吗？如何应对孤独？我们能够相信自己的同胞吗？当遭遇危机、逆境或丧失时，我们应该如何应对？当做出基本的选择和承诺时，如何知道自己在做正确的事情？我们在哪里能找到信心、勇气和决心，让自己以正确的方式度过一生？

这本书讲的便是如何应对人类生活中的困境和挑战。每一章（除第 1 章外）将专门讨论一种生活困境，我们会介绍它的概念、解释它的理论，用实例说明这种困境，并阐述应该如何迎接生活中这种特定的挑战——如果我们是帮助他人的专业人士，又应该如何迎接来访者或病人生活中的挑战。本书还打算说明这些基本困境在不同的社会和文化中有不同的表现形式，而处理这些困境的不同方法也都有各自的价值。

这本书邀请你对自己的生活进行反思，但与此同时，它也尝试为存在主义心理学这门学科搭建一个牢固的框架。事实上，我们有三个在逻辑上相互联系的存在主义学科：存在主义哲学、存在主义心理学和存在主义治疗。

存在主义哲学和存在主义治疗这两门学科都有一些公认的著作，这些著作界定了该学科中的问题。然而，存在主义心理学这门学科的概念、理论和实证基础以零碎的方式散落在现存文献中，往往混杂在存在主义哲学和存在主义治疗这两门学科中。有时，存在主义治疗的论述甚至直接从哲学跳到治疗，而没有具体阐明心理学层面的概念和理论，但存在主义心理学实际上是治疗思想的基础，也是哲学过渡到治疗的桥梁。我写这本书的目的就是找出这些心理学元素，并把它们作为一个整体，条理清晰地呈现出来。

我研究心理学的方法受到以前的老师——弗朗茨·弗罗姆和约翰·阿斯普隆德教授的影响。我开始学习哲学是在剑桥大学做研究员时，师从保罗·赫斯特教授；而我在存在主义治疗方面的训练，则得益于约翰·斯米特·汤姆森、埃米·凡·德意珍和厄内斯托·斯皮内利的指导。我从这些杰出的学者和治疗师身上学到了很多重要的东西。在此表示万分感谢！

如果没有我的研究助手汉妮·贝丝·伯尔斯比耶格、索伦·拉·加尔和莉斯贝丝·W.索伦森等人的支持，没有我的语言顾问马克·海布斯加德的帮助，这本书就不会问世。我特别感谢你们所做的贡献。最重要的是，我要感谢我的妻子爱尔丝·奥斯兰德·雅各布森（Else Østlund Jacobsen），感谢她的激励，感谢她的存在。

哥本哈根大学存在主义和社会学研究中心
博·雅各布森

第 1 章

什么是存在主义心理学

存在主义心理学

存在主义心理学是心理学的一个分支，它研究的是每个人与最基本的生活困境之间的关系，也就是每个人如何处理所谓的"人生大问题"。存在主义心理学打算捕捉生活本身给人的感受，而不是将其归入某种系统化的分类。此外，存在主义心理学还打算吸收基本的哲学思考，同时构成存在主义咨询和治疗的基础。

存在主义心理学是心理学的一个忠实分支；也就是说，它研究的是可以通过实证得到验证或反驳的概念和理论。当然，它建立在存在主义哲学的基础上，后者被定义为我们对生活和基本生活困境的思考。由于以这一哲学为基础，存在主义心理学包括了一些概念、理论和实证知识，这些理论和知识告诉我们，人类如何与"人生大问题"互动，以及基本的生活困境在日常生活中如何显现并得到处理。目前，存在主义心理学的主要应用领域是心理治疗。存在主义治疗明确地邀请来访者或病人在面对最重要的生活问题时找到自己的立场。

因此，这里实际上有三门相辅相成的存在主义学科：存在主义哲学、存在主义心理学和存在主义治疗。存在主义心理学是引导读者从哲学走向心理治疗的知识体系。你不需要成为一个"存在主义者"——为了觊觎存在主义心理学的丰富洞见,这个词已经被用滥了——你只需要一个开放的心态。

真实的人和现象学的角色

主流心理学对生活进行了五花八门的分类。这些分类成了我们观察人类生活的有色眼镜。

因此,在临床心理学和心理治疗领域,我们主要不是被训练去观察具体的人,观察他们的独特性和复杂性;相反,我们被教导去观察"惊恐障碍""强迫症""心境恶劣障碍"和"躯体化"等病例,就像《国际疾病分类》(ICD)和《美国精神疾病诊断与统计手册》(DSM)所概述的那样。

在人格心理学中,我们被鼓励去寻找所谓的"大五"结构;研究指出,人类的人格是根据以下五大特征来组织的:外倾性、宜人性、尽责性、情绪稳定性、对经验的开放性。

分类通常是有用的;但是,心理学家、精神病学家和治疗师怎样才能看到独特的个体而不是某种类型呢?这里就有了现象学(phenomenology)的用武之地。现象学讲究观察或体验现象本来的样子,也就是说,它超越了我们随身携带的并强加于现象之上的许多观点、成见和想象。现象学研究的是现象本身,它让人们尝试去感知一个人、一件事的本来面目,而不是想当然地看待一切。让我们来看一个例子:

临近圣诞节，一位护工到敬老院看望一位老人。"史密斯先生，今年您打算在哪儿过圣诞节呢？"她一边帮老人擦洗，一边亲切地问道。"在这里。"史密斯先生像往常一样没好气地回答道。"好吧，"她继续问道，"那么，也许会有人来这里看望您？""没有。"老人回答。

这位护工感到既气愤又震惊。她知道这位老人有七个兄弟姐妹住在附近的镇子上。他们当中肯定有人可以在平安夜给他提供住宿。于是，她联系了他的全科医生。这位医生同样很生气，开始给老人的家人打电话。最后，他找到了老人的一个妹妹。可这位妹妹说："哦，我们非常愿意请他过来，很久之前我们就邀请过他了。但是，他宁愿在敬老院里一个人过圣诞节。我们能有什么办法呢？"

在这里，我们看到了一位负责而能干的护工，她确信自己知道病人想要什么：她不需要去仔细询问他。然而，根据现象学的观点，我们永远不知道别人想要什么，甚至我们的配偶和孩子也不例外。我们必须仔细地询问并倾听。

当两个人交谈时，一方通常会对另一方的世界观做出假设：我倾向于认为，其他人看待世界的方式和我是一样的。当谈话涉及生命的价值和意义时，这种倾向尤其强烈。如果双方来自不同的生活环境或文化背景，很容易产生大量误解。我们在专业谈话中也会看到这种互动模式。

然而，现象学打破了这种模式。一次现象学的谈话——正如我后面要展示的——通常会使一个人感到被深深理解和接受。这个人会变得生机勃勃，因为他的生命经验得到真实而详尽地呈现，这将使他如其所是地出现在此时此地。

现象学最初是一个重要的哲学流派，在 20 世纪前半叶，由埃德蒙德·胡塞尔建立，并由莫里斯·梅洛-庞蒂、马丁·海德格尔等人进一步发展。只有把观察的主体纳入我们的思考中，我们才能正确理解这个世界；这是现象学方法的一则信条。这个世界不仅仅是"在那里"，也并非没有我们人类的参与。只有承认人类仅仅存在于我们与世界的关系中，我们才能真正理解自己或他人。我们并不存在于孤立的状态中。

现象学的哲学，后来为社会学、心理学和人类学等经验学科提供了研究方法和路径，也为心理咨询和治疗的应用领域提供了研究方法和路径。

在心理学领域，现象学的研究方法是由阿马德奥·乔治及其在杜肯大学和旧金山赛布鲁克研究院的同事一起发展的。乔治还创办了《现象学心理学杂志》(Journal of Phenomenological Psychology)。在他的著作《心理学是一门人文科学》(Psychology as a human science, 1970)中，乔治指出，心理学应该属于人文科学，而不是自然科学。他批评了自己所在时代的心理学，因为它倾向于通过可测量的东西而不是主题的重要性来决定其内容，这便意味着像哭泣、大笑、友谊和爱这些主题基本上没有被研究过。他谈论的是人文科学(human sciences)而不是人文学科（humanities）：他的目标是把人文学科和严格的科学（rigorous science）结合起来。而通向这种结合的途径就在于现象学。

在心理咨询与治疗领域，厄内斯托·斯皮内利在一系列案例中演示了现象学的应用。斯皮内利指出，现象学方法应用于心理学或治疗时有三个特殊的原则：

1. 把你作为心理学家或治疗师的预期和先入为主的观念放在括号里，并敞开怀抱接受来访者所呈现的特定世界。这个规则被称为括号原则（rule of parenthesis）或悬置原则（epoché rule）。

2. 描述，而非解释；取消所有的解释和所有的因果思考，然后尽可能详细、具体和实在地描述。这就是描述原则（rule of description）。例如，要求来访者详细地描述他们生活的处境，描述他们今天或现在感觉如何，但不要求他们解释造成自己当前痛苦的原因。

3. 当你的描述包含多个元素时，尽量避免强调任何一个元素。不要强调某个元素是特别重要的。让所有的元素在尽可能长的时间内具有同等的重要性，以免过早地为原始材料强加上某种模式。待时机成熟，重要的东西自会显现。这个原则被称为水平原则（rule of horizontalisation）或平等原则（rule of equivalisation）。

在本书中，我将展示大量的案例，说明在理解一些基本的心理现象时，比如幸福、爱和孤独，现象学方法是如何发挥卓越成效的。现象学还是接受和尊重文化差异的重要途径。正如存在主义心理学所说的,我们基本的生活问题和生活困境有着不同的文化表现,它们都值得细致地描述。

心理学能够关切生活本身吗

许多心理学家、精神病学家、咨询师和治疗师进入自己所选择的领域,是因为他们被人类生活丰富多彩的性质所深深吸引。他们对人类能够以许多不同的方式展开自己的生活感到惊讶。这些人喜欢与他人发生联系,帮助他们从痛苦中解脱出来,并使他们的生活走向更具建设性的方向。

这些专业人员需要大量的心理学知识和认知,以支持他们对具体的人类生活的兴趣,而不是把这些生活简化成抽象的分类、因果关系和统计平均值。

阿马德奥·乔治提出将"生活世界"(life world)一词作为这种心理学的核心。生活着的人与其所处的世界之间的关系,应该成为我们研究的焦点;因此,我们研究的所有现象都必须同时包括个体和周围的世界。在心理学历史的早期,著名的心理学家库尔特·勒温开展了一项类似的科学研究。在他所谓的"场论"中,勒温界定了"生活空间"一词,这个词"包含了一个人以及他的心理环境"。

无论我们谈论生活世界还是生活空间,我们的语言都很难传达人类的"人世关系"(person–world connection),因为人类的语言把这个整体分成了主体和客体。当我们谈论"展现你的生命"或"实现你的潜能"时，不呈现一个孤立和局限的个体形象，几乎是不可能的。这种描述自然使人联想到一个人的形象，他偶尔与其他人和事联系在一起，但他在根本上是形单影只的。如果我们说一个人做出选择、经历危机、触及死亡、寻找生命的意义，与此同时，却不提及一个在身体和心理上有所限定的人，那么是很难描述的。

事实上，这并不是一个人的"生活世界"的全部构成。人类总是处在关系之中——我们生活在关系中，并依靠关系而生活。我们被关系所滋养，并通过关系而产出；从出生到死亡，人类所接受和给予的一切，都凭借关系而不断发展。也许我们只不过是各种关系的总和；一旦我们进入了关系，这种关系就无法被消除。即使我们决定不再去见某个曾经亲近的人，我们在未来的生活中也会携带着这份关系。

梅达尔·博斯甚至建议不要用"心理"（psyche）一词来表示我们的心智之所。相反，他提到了人的"在世之在"（being-in-the-world）的状态。虽然"在世之在"的概念概括了重要的"人世关系"，但它很快在语言上变得笨拙不堪。当你阅读下文的时候，请记住，语言上的便捷迫使我们聚焦于个人和生命过程本身，这使我们很难解释生命不断展现所依据的背景。本书呈现了一些基本的生活概念，它们看似只存在于个人的内心。然而，请记住，生活感受、生活勇气和生命能量这些概念，总是在与世界的持续互动中不断发展的。

三个基本的生活概念

生活感受

有时候,你有一种活力四射的感觉。而有时候,你会感到疲倦、沉重、无聊或死气沉沉。大多数人都特别喜欢充满活力的感觉,所以探索这种"生活世界"的特征应该很有趣。在一项访谈研究中,我们向很多人提出了下面这个问题:

> 有时候,一个人会感到充满能量,或者特别有活力。你能描述一下这种充满活力的情境吗?

我们将受访者的回答概述如下:

有些人在从事体力劳动时感到特别有活力。一个男人最近和妻子一起搬进了新家,他说:"现在,我真的很想把家里打扫得干干净净……时不时,我就会擦一下窗台或者窗户。就在几天前,我还把浴室清洗了一遍……有了这个新家,我真的很想做点什么。"

有些人在进行体育运动时感到特别有活力。一位老木匠在年轻时经常参加自行车比赛。他的座右铭是:我可以,我必须,我胜利。他说:"比赛时间越长,难度就越大,对我就越有利……我不怕使用我的力量,不怕使用我的身体!做这件事的感觉棒极了!"

另一些人则在社交关系中,在家人和朋友中间,会感觉特别有活力。一位有3个孙子(女)的祖母说:"当我的孙子(女)来看望我时,尤其是最小的那个来到时,我总是感觉特别有活力……当劳拉在这里时,你不得不变得特别活跃,因为她会做那么多疯狂的事情。"另一位女士则强调,当别人需要她的时候,当她给予别人一些东西时,她会感到特别有活力:"这给了我一种巨大的动力,我可以感受到自己满腔热血……有一些人真正需要你。"

还有一些人,当他们专注于自己的内在时,会感觉特别有活力。他们可以在身体上和心理上体验到自己的内在过程。一位男士说,当他打太极拳时,他感觉特别有活力:"第一次在太极练功房里,我就感到生命在沸腾……我感觉充满了能量……事实上,我脚底有一种麻麻的感觉,从脚下一直涌上来;我在想,'天啊,这是多么奇妙',我真正感觉到了。"一位女士描述,在生病之后,她发展出了一种特殊的内在感受。"即使我赢得了一百万美元,也比不上我在复活节的早上独自散步时充满活力……我感受到了内心的荡漾,感受到了与生命的合一。"

最后,还有一些人在户外时感受到活力。一位女性说:"当我和大自然接触时,或者当我在海边时,我感觉特别有活力。尤其是在夏季的假日,我们住在海边的避暑小屋里,这让我感觉充满了生机……我的思维似乎特别清晰,我感觉棒极了,我想是因为这里'海阔天空'。"另一个人说:"我在海边会获得新的能量。我躺在沙滩上,让海风把温暖的沙子吹到我的身上,再让海浪一次次拍打我的身体。每天傍晚,我坐下来欣赏落日。这些对我来说都是新的能量。这种生命能量意味着,我能够在每天清晨起床并为我的存在感到欢乐。仅仅知道我在活着就足够了。"

还有一些受访者谈道,当他们投入自己的工作时,或者在阅读、旅行、做志愿者、陪伴爱人、钓鱼、养护花草时,他们感到特别有活力。也许每个人都有自己展现活力的特定世界,都有自己释放激情的特定空间。我们都有过那种感觉特别强烈的生活状态。而在天平的另一端,人们甚至会觉得自己根本就没有在活着。他们感觉内心已死。他们觉得生活完全停滞不前;直到他们去做一些不同的事,与不同的人一起生活,生活才会真正开始。

然而,无论我们在某个时刻感受到的活力是多是少,作为人类,我们都应该知道在自己的生活中,活力的多少对我们来说意味着什么。

所以,"感受到活力"的核心是什么?罗洛·梅描述了他所谓"如我所是"的体验("I-am"-experience)。它是安于当下的自发体验。因为我在这里,所以我有权利在这里,我有存在的权利。我体验自己的存在，并形成对生活的感受。如果一个人能够自发体验自己的生活，他将因此了解自己的基本价值观。关于好和坏、对和错的看法，不仅仅来自父母或社会的标准；相反，它们从我们自身中有机地生长出来。

罗纳德·莱恩也描述了生活感受的一个方面。他创造了"本体性安全"（ontological security）这个词，以及它的另一面"本体性不安全"。一个人可以有一种感觉，他在这个世界上是一个真实的、有活力的、完整的人，生活在连续的时空中。这个人可以在生活中前进，并清醒地与他人交往。莱恩称这样的人在本体论上是安全的。莱恩说，他们将基于对自己和他人身份和现实的坚定感受，迎接生活的考验。

在精神疾病的状态中，我们看到的则是相反的情况：病人缺乏存在的根基。在这些状态中，我们发现，一些人从根本上感觉不真实，没有活力，不够完整，也没有清晰的边界。

同样，乔恩·卡巴金在关于压力和冥想的研究中，也捕捉到了关于生活感受的现象。他教导病人"体验完整的自己，当下的自己……如实接纳此刻的自己，无论有无症状、有无痛苦、有无恐惧"。

上面那些感觉到活力的例子，以纯粹的形式表达了生活感受。在一些例子中，其他元素比如展现自我的需要或被爱的需要，混合在这种典型的生命感受中。但在所有的例子中，这种生活感受是清晰的；当你阅读这些例子时，你会感受到这些体验的治愈性。

生活勇气

生活感受是生活勇气的重要组成部分。但是，生活勇气比单纯的生活感受包含了更多内容。根据存在主义神学家和哲学家保罗·蒂利希的观点，生活勇气是一种存在的勇气，是一种包含了自然成分和道德成分的现象——前者是生活本身的一部分，后者是个人努力追求的东西。生活的勇气是一种有意识的态度，在这种态度中，一个人肯定自己的生活，无论有什么阻力存在。勇气的反面是恐惧和焦虑。勇气是"克服恐惧的精神力量"。换句话说，生活的勇气就等同于选择活下去：在自然的生命过程中加入个人的决策力。

勇气是在对抗恐惧和焦虑。勇气可以很容易地指向恐惧，因为恐惧有明确的对象。而焦虑缺乏明确的对象，很难把它独立呈现。因此，人类的基本斗争是在勇气和焦虑之间进行的。这里所说的焦虑主要是存在性焦虑。

蒂利希认为，存在性焦虑有三种表现形式，它们互相关联、彼此相通。最基本的形式是对命运和死亡的焦虑。这种焦虑威胁着个人对生存权利的意识。第二种是对空虚和无意义的焦虑。这种焦虑威胁着个人的精神层面，以及个人对意义的渴望。第三种是内疚和自责引发的焦虑，这种焦虑威胁着个体的道德认同。

这三种存在性焦虑都属于正常范围。病态的焦虑则是这些形式的扭曲。如果个体缺乏面对存在性焦虑的勇气，他可能就会陷入神经症。这样的人倾向于放弃自由和开放的生活，建立起僵化的防御模式，追求安全和完美。

许多焦虑状态都可以基于三种存在性焦虑而得到有益的理解，不论是普通人在日常生活中所挣扎的，还是医生和心理学家的诊疗室里所呈现的：（1）慢性疼痛病人的焦虑；（2）刚刚离婚的人的空虚感；（3）被攻击的受害者体验到的罪责感。所有这些例子都可以按照蒂利希的分类被理解为存在性焦虑。

蒂利希说，病态的焦虑是一个人无法面对存在焦虑的结果。如果医生或心理学家试图将焦虑降低到有限的状态，将它从患者身上移除，那么他们也将损害这个人的生活品质。因为他们可能在消除焦虑的同时，也移除了这个人的存在根基。这就是为什么常用的认知行为疗法与存在主义观点相结合是如此重要。当然，更为重要的是，任何对焦虑的医学治疗都应该与存在主义的治疗会谈相结合。

存在性焦虑是无法消除的，它属于生活本身，是生活的一部分。但是，存在性焦虑也对生活做出了重要贡献，那就是它唤起了个体的自我肯定（self-affirmation）。焦虑有着意想不到的品质，它激发出个体的刚毅、勇气。让我们打个比方，就好像细菌诱发了有价值的抗体；没有细菌，也就没有抗体。细菌产生了抗体；反过来，抗体提供了复原力。焦虑激发了自我肯定，然后自我肯定转化为勇气，促使人们变成勇敢的存在者。

因此，生活勇气可以被定义为基本的、自发的生活感受与有意识选择活下去的勇气的结合，它通过与存在性焦虑的对抗而发展起来。生活勇气是一个人的基本情绪或基调，它告诉我们，这个人对生活的愿望、他的基本性格，以及他面对生活挑战和困难的意志。

生命能量（生命力）

在一些重病患者中间，我们遇到过一种无法解释的现象。例如，一位医生有两个病人，他们患有同样的致命疾病。他们的病情也大致相同，医生预测他们还有 6 个月左右的生命。不久，一位患者迅速衰弱并离世，但另一位患者却奇迹般活了下来，并开发了自身的疗愈资源，差不多又活了 10 年。

在医学文献中，那些无视所有消极预测的病人被称为"例外患者"。但是，为什么有些人在大限来临之前就已衰竭，而有些人却似乎可以自我恢复呢？是什么让有些人面对适度的逆境就甘拜下风，而有些人却可以对抗最难以置信的困境？

通过生命能量或生命力这个词，我们可以了解有机体的生存能力。生命能量是一个有机变量[①]。生活勇气是一种可以从内部体验到的基调，而生命能量是一种可以从外部观察到的特质。根据人类或其他有机体中的某些迹象，观察者会发现较高或较低的生命能量。

> 新生儿病房偶尔会接收五六个月大的早产儿。有段时间，这些早产儿在生死之间徘徊。医生和护士观察他们，

[①] 有机变量（organismic Variable），用来表示研究中个体的先天特征，如性别和智力都是有机变量。——译者注

推测他们中间谁会存活下来。他们经常会用到生命力、生命能量或生存意志这样的词：这个婴儿可能会活下来，尽管他是年龄最小的一个；那个婴儿快要死了，但机体内的生命力仍然很强大；那个婴儿有着惊人的生命能量。

婴儿从出生那一刻起，就被赋予了不同程度的生命能量或生命力。这种生命能量似乎一直伴随着孩子的成长。这并不意味着它纯粹是由生物或遗传因素决定的。我们完全有理由相信，心理和社会文化因素也决定着生命力的强弱，并且在生命的历程中显得越来越重要。

这种生命力决定了一个绝症患者的生存期望值，决定了一个老人的寿命长短。那么，我们应该怎样理解这种生命能量呢？现在有两种对立的观点：

第一种观点，生命能量可以被视为纯粹的生物学现象。不同的蒲公英有不同的高度、强度和生存能力。狗和马有着不同的身形、力量和生存能力。人类也是如此，生来就具有不同的身材、强壮程度和存活能力，因此具有不同的生命力。这种生物学观点得到了遗传学事实的支持——长寿似乎是家族遗传的。

第二种观点，生命能量被视为存在主义或生物精神（bio-spiritual）的现象。生物层面和精神层面在存在的王国里得到统一。通过精神层面，我们理解了人类对更高意义的寻求。保罗·蒂利希是这种观点的提倡者之一。蒂利希把生活勇气视作生命力的一种表现。生命力下降会导致勇气下降，生命力增强则勇气增强。蒂利希说,神经症患者缺乏生命力;也可以说,他们缺乏某种生物学物质。

但蒂利希指出,人的生命力不仅仅来自生物学层面。从一个人的生命中产生的活力,与他人生的目标和意图是分不开的。一个人的生命力和意向性是相互依存的。

人类可以超越任何既定的处境,从而创造超越自身的东西。他们拥有的创造力越多,他们的生命力就越强。换句话说,人类的生物学维度与意义建构是交织在一起的。蒂利希说:"生命力无法从一个人整体存在中分离出来,无法离开他的语言、他的创造力、他的精神生活、他的终极关怀。"

因此,蒂利希将生命力理解为一种生物精神现象。它的力量来自生物层面,也来自精神层面,这两个层面交汇于存在的世界中。

生物能量治疗师或身体接触治疗师经常会说,他们可以直接"碰触"到来访者的生命能量或生命力。尽管有"生物"这个前缀,但许多属于这个流派的治疗师还是发现,他们所激发出来并与之工作的生命能量,在本质上并不完全是生物性的。他们形容这个"能量流"具有更多的精神性、广袤性,或者在其他方面具有不可思议的特征。

因此,认为生命能量是一种纯粹的生物现象,这个观点与存在主义理论是不相容的。尽管生物能量在人类生活中确实非常活跃,但由此产生的行为总是有意义的社会环境的一部分。人类若没有目标、意义和意向,就无法发挥有机体的功能。而且，生物能量总是包含在一个心理参考框架之中。

从存在主义角度来看，生命能量必须被视为一种生物精神现象，一种整合了生物性、精神性和意向性的力量。生命能量在人的一生中并不是一成不变的。许多迹象表明：在一个人出生前后，生命能量主要是生物性的，但也受到"爱"和人际互动的影响。后来，尽管生命能量一直都由强烈的生物成分所维持，但是它逐渐转化为一种更具体的东西，以每个人独特的生命意义和生命任务为标志。

在表1-1中，我们列出人类生命过程中的三个基本概念，以此来总结我们的讨论。

表1-1 三个基本的生命概念

生活感受，是指一个人对活力、一致性的自发感受，感觉自己有权利在这里。

生活勇气，是指一个人的生活感受加上他克服恐惧和焦虑的决心，其目的是实现自己的人生计划。

生命能量或生命力，是指有机体即使在困难的情况下，也能生存并且长久存活的能力。在这里，虽然生物性成分很重要，但人类的生物性离不开意义和意向的模式，这些共同决定着我们的生命能量。

人生大问题

有些动物似乎过着舒适的生活。例如，一只狗或一只猫，可能一辈子就是吃喝、玩乐、交配和休息。动物的生活是没有问题的生活（尽管有些动物偶尔也会出现不愉快或痛苦），是没有反思的生活。

相反，人类被迫过着反思的生活。几乎所有人都经历过这样的时刻——不得不在不同的行动方案之间做出选择。我们可能都会想过：自己什么时候会死，或者怎样才能实现渴望的目标？我们还会思考疾病、衰老、孤单、爱和恨，以及生活中的许多其他方面。

作为人类，我们注定要反思自己的生活。但这个要求也是一个伟大的机遇，它促使我们发展到更高的境界，与动物明确区分开来。

根据存在主义理论，我们所进行的人生反思并不是偶然的、任意的。尽管每个人都有关于自己生活的私人思考，但这些思考仍然局限于几个重要的主题。

我们对生活的思考来自同一个源头，即我们生来就落入的存在结构，而这个存在结构围绕着几种有限的基本生活处境。

作为人类，我们面临着如下选择：要么对这些基本处境视而不见，盲目地过着某种虚伪的生活；要么选择正视这个存在结构（定义见下文），学会如何与它们建立积极的关系，从而以一种更接地气、更真实的方式过着更自由、更开放的生活。

存在主义心理学家使用本真性（authenticity）这个词来形容这种真诚的生活，这种生活对每个人都是开放的。

存在结构

有许多不同的分类来描述这些基本的生活处境。最广为人知的就是欧文·亚隆所列举的四种存在处境：（1）我们终有一死；（2）在决定性时刻，我们是孤独的；（3）我们不得不选择自己的生活（自由）；（4）我们要在一个没有意义的世界中努力创造意义。根据亚隆的说法，这四种基本处境构成了一个存在结构，它是我们存在的前提，每个人生下来都要落入其中。这四种基本处境为每个人的生活确定了框架和议程。许多人不愿去面对、思考和谈论这些基本处境（包括死亡），但这样做并没有削弱它们的影响，只会适得其反。

亚隆对这些基本处境赋予了重要的地位，就像弗洛伊德在他那个时代对待"性"一样：它们是一种几乎渗透于一切事物的力量，而且大多数人对其视而不见，导致这种力量以一种扭曲的形式显现出来。

另一个熟悉的关于基本生活处境的理论是梅达尔·博斯提出来的，他列举了人类生活的七个基本特征：（1）人类生活在空间中；（2）人类生活在时间中；（3）人类通过身体展现自我；（4）人类生活在一个共同的世界中；（5）人类生活在某种特定的情绪和心理氛围中；（6）人类生活在一定的历史背景中；（7）人类带着死亡的意识在生活。

这七种基本处境也可被称为"存在结构",是每个人生活中的核心要素。如果我们看看第二个基本特征,确实如此:对每个人来说,我们在活着,时光在流逝。我们都有着过去、现在和未来;我们都生活在个人时间轴的某个点上,这个时间轴规定了每个人生命的始末。我们选择把时间花在一些事情上,而不花在另一些事情上。谁都不可能把同样的时间使用两次。你读完这句话的时光,它再也不会回来;一个时刻只能被度过一次。在我们生活中,所有这些时间维度都是活跃的,并且影响着我们,无论我们是否愿意思考它们。证据还表明,如果真正选择去思考这些问题,我们可以更自由、更清醒地活着。

其他存在主义心理学家也提出了关于人类基本生活处境的类似概述。然而,其实在20世纪50年代,德裔美国人本主义心理学家和作家埃里克·弗洛姆就提出了一个特别有趣的论述:"人类所有的激情和努力都是为自身的存在寻找答案"。弗洛姆接着提到了几种基本的个人需求:(1)寻求爱(关系);(2)超越自我;(3)发展根基感和归属感;(4)寻找自己的身份;(5)寻找人生的方向和意义。根据弗洛姆的观点,任何一个人最具体的特征都来源于这个事实:我们的身体机能属于动物王国,但精神或社会生活属于一个能意识到自身存在的人类世界。因此,满足本能需求并不足以使我们幸福。我们在不断努力寻找新的方案来解决生存中各种猖獗的矛盾,寻找与自然、与人类同胞、与我们自身更高形式的和谐。即使是世界上最繁荣的国家,也存在大量的酗酒、犯罪、自杀、吸毒和倦怠等现象，这些事实证明了这一点。

基本生活处境即生活困境

欧文·亚隆、梅达尔·博斯、埃里克·弗洛姆等人提出的基本生活处境的分类，有许多共同的特征。这些分类之间的差异在本质上并不矛盾，事实上是相互补充的。

虽然欧文·亚隆的四个类别构成了本书结构的核心，但我对它们进行了扩展，纳入了梅达尔·博斯、吉翁·康德劳和埃里克·弗洛姆等人的思想。这一理论上的综合形成了一个新的分类系统，它由六个基本生活处境或生活问题组成，如后文所示。

这些基本的生活处境，有时被视为相对简单的分类或现实。但事实上，每种处境也可以被视为代表两个极端的困境，我们的生活在这个困境中被撕扯，而且必须找到一种平衡。我更喜欢后一种观点——把这些基本处境当作两难境地，因为这种观点强调了我们作为人类始终面临着选择。认同这一观点的存在主义理论家认为，我们有许多既定的本体论事实（比如，人终有一死），但这些事实以生活困境的形式呈现在我们面前。

在日常语言中，我们对困境的理解是：在此处境中，我们必须在 A 和 B 两个选项之间做出艰难的选择。你不可能同时拥有两者。

因此，我们对生活困境的理解是：在这一处境中，我们需要在两个极端之间做出选择，而这两极都属于我们对生活的正常期望。两者都属于你所认为的合理的或幸福的生活，但你不知道怎样才能协调或整合它们。对有些人来说，"做自己"和"与他人相处"就是这样一种困境。在这种情况下，你可能会停下来思考这样的生活问题：我怎样才能发现并定义我自己（我一个人乐此不疲的事情），同时又能与朋友和爱人建立亲密的关系？存在主义心理学就是处理这类问题的。正如凡·德意珍所说，存在主义治疗的目标就是帮助来访者面对这些两难处境。所谓的生活问题，就是我们人类在面对生活困境时产生的问题。

为了这个理论上的综合，我们把存在主义理论融入了六个基本的生活困境或生活问题。每一个困境构成了本书随后每一章的内容。现将它们表述如下：

1. 幸福与痛苦（第 2 章）：当我知道生活不可避免地包含痛苦时，我怎样才能得到幸福？

2. 爱与孤独（第 3 章）：在爱的关系中，有可能克服我基本的孤独吗？在爱的关系中，我还能够做自己吗？在这个世界上，到底有没有可能找到爱？

3. 逆境与成功（第 4 章）：在事故、丧失或其他严重的生活事件之后，当我发现自己身陷困境，我怎样处理这种情况，才能让自己从中获得成长，而不是退缩或停滞不前？

4. 死亡焦虑与投入生活（第 5 章）：知道死亡可能随时降

临，我怎样才能够超越自己的焦虑，并全身心地投入生活？

5. 选择与责任（第6章）：考虑到我的身体、经济和社会现实，以及我无法要求的出身，我怎样才能基于这些现实做出积极和建设性的选择？我又该如何通过这些选择创造一种有价值的未来生活？

6. 混乱与意义（第7章）：考虑到我们现今世界的纷乱复杂，我怎样才能确定自己生命的意义和价值，并为其找到一个明确的方向？

实际上，这些困境是相互关联的。例如，如果你遭遇突发灾难，或者强烈的痛苦，或者亲人突然离世，你很可能会同时体验到基本的孤独感或无意义感。如果你有幸体验到深深的爱，你很可能会同时感受到你的生活是幸福和有意义的。亚隆、康德劳以及许多存在主义心理学家都指出了这种相互关联。这种关联性源于这一情况：我们的本体论事实是普遍的，因此它对我们存在的影响是相互关联的。

所有人都在构成上述六种困境的两极之间挣扎。你甚至可以再加上弗洛姆提到的基本困境，即人类由生物性驱动的动物部分和我们的意识、文化和精神部分的一体性。我首先是一个动物，还是一个有意识、有思想和有道德的人？我怎样才能把这两个极端统一起来？这一点可以被视为第七个基本的存在困境，它支配着我们所有人的生活。

如何在上述困境中沿着一条建设性的道路前进，这几乎是我们生活的全部内容，当然也是存在主义心理学的主要内容。

如果你在这些生活问题和困境中，成功地找到了自己的方向，那么存在主义心理学家会说，你过着一种本真的生活。

什么是本真地生活

作为人类，你面临着一个关乎自己生活的重要选择。你可以说，我要像其他人一样，我做别人期望我做的事，我努力像其他人一样存在。你也可以说，我相信对我来说，有些选择比其他选择更重要、更合适、更正确；我必须弄清楚哪些是我应该做的重要和正确的事情，而且我将努力照此生活。

在存在主义心理学中，后一种选择被称为"本真地生活"。本真意味着真诚或所谓的真实。本真地生活意味着真实地生活；也就是说，按照自己内心的信念、信仰和价值观来生活。事实上，有些学者还会补充说：根据你身体的本性来生活。本真地生活，也意味着你在上述的基本生活困境中找到自己的立场。

存在主义哲学家和神学家约翰·麦奎利这样定义本真性：如果一个人拥有他的自我，并以自己的想法来塑造这个自我，那么他的生活就是本真的。非本真的存在是由外部因素造成的，无论是环境、道德规范、政治或宗教权威，还是其他的影响因素。

麦奎利说，本真生活的存在主义定义更多与形式有关，而不是与内容有关。重要的是存在的方式，它在多大程度上实现了人格的统一，而不是被分得七零八散；它是如何行使个人的自由和决心，而不是被流行的品位和标准所决定。这并不意味着你不能选择按照流行的品位和标准来生活。你可以这样做，确实也有人这样做了。

道德哲学家玛丽·沃诺克认为本真性是指每个人都有能力实现自己的潜能和可能性。本真地生活，就是要认识到每个人都是独一无二的，并接受它对个人的影响，也就是说，既然如此，一个人就不得不发现自己的决心，并实现自己的潜能。

存在主义治疗师汉斯·科恩告诉我们，不要把本真性的概念视为可以完全实现的目标。所有人在某些时刻都可能是非本真的，非本真也是生活的一部分。类似地，海德格尔也写道，非本真的存在并不意味着它是更低档或更低级的存在。与此同时，本真性当然是非常值得追求的东西。

许多人似乎一直都过着某种肤浅的生活。他们从一项活动到另一项活动，扮演着被要求的角色，呆呆地看电视节目。这些人似乎忘记了生命的深层意义，似乎不清楚他们为何来到这里。他们机械地扮演着各种角色，表现出在别人的期望中他们应有的态度。海德格尔说，当我们根据他人的期望来指导自己的生活时，我们活着就是为了追随"常人"（德语是 *das Man*，指芸芸众生）。

然后在某个时刻，有些人可能会经历突然的觉醒，仿佛被戏剧般地召回到生命中。海德格尔谈到了"良知的呼唤"（the call of conscience）。当他使用这个术语时，他并不是指公共良心或全体的道德准则，而是来自个人内心深处的良心。这是一个人本真的部分发出的呼唤，它挣扎着要显现，要恢复生机，并且在唤醒自身的其他部分。根据海德格尔的说法，这个声音劝告一个人要对自己的生活承担全部责任。

一个人怎样才能认真对待自己的生活，同时又不被对生活的反思所累呢？一个答案就是"决断"。决断的特点是果断、坚定和决心。"是"就"是"，"不是"就"不是"。决断意味着清晰性，它往往是在艰难的生活经历之后形成的。这样的人知道自己想要什么。决断与一个人保持专注和专一的能力有关。

一个女人在她50多岁时经历了一场危机。今天，当她和家人在一起的时候，她仍然充满生机、活力和爱。她说："有时候，你只需要热爱生活。"

17年前，她的母亲毫无征兆地突然去世了。这个女人无法原谅自己，母亲的去世让她们没有了交谈的机会。"它对我的影响是，你不应该推迟任何事情。如果你有想要完成的事情，你就应该去完成它。因为没人保证你明天还在这里……如果我有什么想对别人说的，我现在就会说……我从来没有告诉过母亲，我爱她胜过世界上的任何人……"

要想果断或坚定地生活，前提是明白你为什么在这里，什么对你是重要的，你支持什么，你反对什么。这种清晰性通常在经历一些艰难的生活处境后才能获得。少数人似乎拥有这种明辨"是非"的天赋。但大多数人都必须历经磨难才能获得这种清晰性。然而在此之后，我们就会发现生活具有无与伦比的价值。似乎没有什么简捷的途径来获得这种清晰性。出于某种原因，几乎所有人都有这种印象：其他人比我们更容易获得成就和业绩。但这个印象通常是错误的。

一旦你对自己为什么而活（这是贯穿本书的主题）有了一定的清晰性，本真性以及应如何认真对待自己的生活的问题，就不会显得那么"沉重"了。这些问题没有必要使你感到沉重。本真性和自发性同时并举是可能的。存在主义疗法创始人之一梅达尔·博斯认为，本真的生活是一种充满乐趣和幽默的生活。在他看来，理想的精神状态是"从容快乐的平静"（composed, joyous serenity，德语是 *heiteres Gelassenheit*），安逸和沉重能够相伴而行。这种活泼和严肃的相互拥抱，正如我们对死亡的认识和对生命的承诺。

人生悔恨和本真性

很多人似乎经常问自己：我的未来应该是怎样的？我应该把什么当作目标？同样，很多人也会反思自己的过去。有些人会独自沉思；有些人会和朋友或伙伴讨论：我做了正确的事情吗？我以最好的方式利用了我的时间，迎接了我的挑战吗？

在一次访谈研究中，我们向受访者提出了这个问题：

> 如果你的人生可以重来一次，你会改变什么，还是会以同样的方式生活？

以下是一些回答：

"我可能会更多地投入生活……而不是像以前那样袖手旁观……不敢真正地投入其中……我有点觉得，我不该对生活提出许多要求……"（女性，38岁，秘书）

一位女士在她丈夫的公司工作了10年，她并不喜欢行政工作，也不喜欢为她的丈夫工作。"这可能是我们在生活中一起做过的最愚蠢的事情……我是出于方便才这么做的，对吧？当然，我今天能够明白……这就是最愚蠢的事情……"（女性，47岁，前行政人员）

"我可能会去过那种……被大自然包围的生活，那也许是我内心深处想要的。相反，我过去随波逐流，随意地接受教育……很明显，如果我要过一种新生活，我宁愿只和一个男人结婚……我想我后悔嫁给了弗兰克。这可能是我最后悔的事情……我不得不做出太多的妥协……"这位女士说，如果人生可以重来，她不会嫁给弗兰克。尽管有很多美好的时刻，但她觉得这是一个错误的选择。她带着两个孩子，处于进退两难的境地，而那时弗兰克站在那儿，慷慨地手捧着鲜花。（女性，44岁，项目经理）

访谈表明，这三个受访者都心存悔恨。有人是因为某种特定的行为，有人是因为某种特定的态度或生活方式。

这种类型的悔恨是相当普遍的，但正视它们或许需要一定的勇气。人们处理悔恨的方式各不相同。有些人认为这是他们无法改变的命运。有些人则认为可以从悔恨中有所学习：一方面可以纠正他们余下的岁月，另一方面可以把这些教训传给下一代。

然而，也不是每个人都满腹牢骚：

总的来说，我愿意以同样的方式生活。然而，我确实对那些被我辜负的人感到抱歉。我也很遗憾自己没有从大学课堂中学到足够的知识，因为我的生活中有太多其他的事情要做。（女性，27岁，学生）

我愿意让人生重来一遍，以完全相同的方式。这并不意味着我的生活很轻松，不是这样的。我从来没有幸免过任何事情……但如果把人生当作一个整体，我愿意把好事和坏事都再来一遍……（女性，63岁，行政人员）

不，我真的不觉得需要改变什么。我认为我的生活相当不错；你懂的，平静而美好……我在一个地方工作

了 43 年，这似乎很能说明我的一生令人满意……（男性，71 岁，前泥瓦匠，退休）

对这些人来说，似乎没有任何悔恨在啃噬着他们的灵魂。难道他们一直都走在正确的人生轨道上，并能够坚持做最重要的事情？还是他们能够接受大多数生命中都会出现的缺陷和病痛，从而真正地掌控自己的生活？人类似乎有两种方式来接受以前的缺陷：要么重新规划未来的生活，要么宽恕自己的过去。

存在性内疚和本真性

在存在主义心理学中，有专门的内疚理论来研究人生悔恨，即存在主义内疚理论。在其他心理学和治疗流派中，比如精神分析或认知疗法，内疚感主要被视为一种病理现象，一种需要以某种方式治疗的症状。而欧文·亚隆列举了三种类型的内疚：真实内疚、神经症内疚和存在性内疚。如果你在现实生活中伤害了另一个人，那么产生的是真实内疚；比如，你倒车进车库的过程中，一时疏忽撞到了邻居的腿。如果你仅仅在想象中伤害了某人，那么产生的是神经症内疚；比如，你不得不拒绝妹妹的生日邀请，她也完全理解，但你仍然不能释怀，总觉得对不起她。罗洛·梅强调，存在性内疚是人们生活中的一个积极因素。它指出了你还没有实现但被赋予了可能性的领域，包括以关心和尊重的态度对待他人和自然的可能性。因此，尽管内疚是令人不快的，但存在性内疚是一个机会，可以让你重新规划自己的余生，并与那些无法改变的事情达成和解。

本真性是很难定义的。这个定义必须足够开放，以包括这样一个事实：每个活着的人都以自己独特的方式为这个词注入意义。然而，本真性可以被视为心理学领域最丰富和最有希望的概念之一，它为心理学科通往"美好生活"铺平了道路。这个术语允许心理学家更好地应用心理学知识和心理学理论，证明心理学不仅仅是用来诊断适应不良和心理疾病的。心理学还必须向人们展示，如何能够建立一种更真实的生活，获得更有活力的感觉，创造更多的幸福，体验爱，并接受自己生活中的好与坏。

存在主义心理学为何与众不同

存在主义心理学与其他心理学科有所不同，它要求心理学必须聚焦于人类生活，关注每个人与基本生活处境或人生大问题之间的关系。

这些人生大问题是什么，它们与生活中的日常事件、思想、情感和追求的关系如何，将是本书接下来几章的主题。同样，存在主义治疗处理的就是这类主题，治疗师在一种直接的、专注的关系中，激发来访者在他们与人生大问题的关系中找到自己的方向。在附录二中，你会看到一份关于存在主义治疗的简要描述。

存在主义心理学和存在主义治疗与其他心理学和治疗流派相比，有着一些鲜明的特征。我们将在这本书中陆续指出这些特征。

存在主义心理学与主流心理学的显著区别在于，它明确地把基本的生活问题作为心理学最重要的主题，并坚持采用现象学的视角来看待问题。因此，心理学应该主要从内在体验去解释生活，而不是从外部观察到的行为去解释。这一差异让存在主义心理学家在某些方面——比如，人类在交通情境下或婴幼儿阶段的行为——缺乏"可靠的"知识，但是它对人类的真正愿望和真实生活的问题有更多的理解。值得注意的是，我们在这里讨论的心理学作为一门学科和研究领域，它包括了关于人类的理论知识和经验知识，不仅是自然科学意义上的，而且在更广泛的意义上包括了社会科学和人文科学的视角。

与弗洛伊德派和荣格派心理学相比，就心理学家对人类个体生活的深度关注而言，存在主义心理学与它们有许多相似之处。然而，一个重要的区别是：精神分析传统非常重视童年事件的后果；而存在主义心理学家和治疗师更关注个人现在和未来的状态，而且他们对改变秉持开放的态度。此外，存在主义心理学家和治疗师不会提倡解释来访者"背后的东西"，而是主张详细描述他们的生活状况和生活远景。

与文化或跨文化心理学相比，存在主义心理学对文化变量的重视程度也不够。然而，从长远来看，这两种取向应该能够相互补充，达到一种整合的状态。

存在主义心理学与现象学心理学、人本主义心理学、积极心理学，以及心理学中的某些叙事取向（社会建构主义）也有关联。但正如表 1-2 所列出的，它们也有一些不同之处；本书后文会有更详细的描述。

表 1-2　主要的心理学流派
（从存在主义心理学的角度来看）

存在主义心理学
- 关注基本的生活困境和人生大问题
- 同时强调生活的积极面和消极面
- 主要采用现象学的研究方法（从内部研究人类生活）

人本主义心理学
- 关注人的潜能和优势
- 强调生活的积极面
- 主要采用现象学的研究方法（从内部研究人类生活）

积极心理学
- 关注人的潜能和优势
- 强调生活的积极面
- 主要采用自然科学的研究方法（从外部研究人类生活）

续表

> **主流心理学**
> - 关注行为的各个方面
> - 比较强调生活（问题）的消极面和病理学
> - 主要采用自然科学的研究方法（从外部研究人类生活）

与存在主义哲学（它的母学科）和存在主义治疗（它的主要应用领域）一样，存在主义心理学也是一项真正的国际成就。存在主义心理学的发展及其治疗应用，离不开许多国家优秀学者的杰出贡献。在附录一中，你将看到在这个领域特别重要的 23 位学者的简要介绍。

目前有许多著作阐述了存在主义哲学的基本原理。约翰·麦奎利的《存在主义》(Existentialism, 1972)就提供了一份精彩的存在主义哲学综述。近年来，存在主义治疗这个应用领域也出版了不少著作。米克·库珀在《存在主义疗法》(Existential therapies, 2003)一书中，便提供了一份关于存在主义治疗的简明概述。然而，由于某些原因，存在主义心理学——身为哲学和治疗之间理论和经验的桥梁——却很少得到系统和连贯的阐述。

心理学应该告诉我们如何以最好的方式生活，如何帮助人类同胞解决他们生活中的问题，但这似乎在以往哪一本书中都找不到。本书就是改善这种状况的一次尝试。

第 2 章

幸福与痛苦

幸福与痛苦的概念

每个人都想象过幸福，并希望过上幸福生活。此外，每个人也都知道痛苦，并希望避免或控制生活中的痛苦。幸福与痛苦，属于我们生活中最基本的范畴。它们经常被视为对立的，我们将在本章中质疑这个观点。

在行为主义和主流心理学看来，人们努力追求快乐（pleasure），避免疼痛（pain）。这种努力适用于动物和人类身上的动物成分。但是，人类不仅仅只有生物属性。人类身上最有价值的部分，正是与动物有所区别的部分。所以，在人本主义和存在主义心理学中，以生物学为导向的快乐和疼痛被加以扩展，包括了纯粹的心理体验甚至是精神体验。因此，我们使用含义更广泛的幸福和痛苦来代替快乐和疼痛。

在日常语言中，"幸福"（happy）一词指的是一种舒适和满意的状态或体验。在某些情况下，它也指一种让人快乐的满足状态。此外，在某些语境中，"幸福"这个词还包含了幸运的意思。

"痛苦"（suffering）一词指的是感受到或者忍受疼痛的状态或体验。这种疼痛可能是心理上的，也可能是身体上的。在比较温和的情况下，它可能仅仅表现为不舒适或不愉快。"痛苦"也可能与失败、灾祸或者各种其他物理或社会环境有关。

幸福和痛苦，都是人类重要的心理状态。接下来，我们将阐述这两个重要概念的内涵和心理意义。

主流社会学和心理学眼中的幸福

近年来，主流社会学和心理学的研究者一直在努力测量幸福。社会学家致力于描述幸福在不同国家和人群中的差异，以及幸福与生活的各个方面或整个社会的关系。心理学家特别感兴趣的是，把幸福描述为一种限定的、可观察的心理生物学状态，这种状态的特征可以被精确地概括，从而可以学习如何实现它。

这些国际调查通常基于一个很简单的问题：总的来说，你认为自己有多幸福（非常幸福、比较幸福、比较不幸福、非常不幸福）？在其他研究中，这个问题也可能是这样的：你对自己目前的生活有多满意（非常满意、比较满意、比较不满意、非常不满意）？这些问题为人们的生活满意度或所谓的主观幸福感提供了一个衡量标准。这种测量已经被证明是相当稳定和一致的，无论对个人还是群体来说。在媒体中，这种对生活满意度的经验测度（empirical measure）经常被当作检验幸福的标准。然而，正如我们后面将要看到的，幸福是更为深刻的东西。

近几十年来，有许多大规模的社会学取向的研究，对不同国家普遍的主观幸福感或生活满意度进行了调查。根据世界价值观研究小组的调查，北欧国家在幸福指数方面一直居于世界前列；而南欧国家，像西班牙、意大利和法国，在全球范围内的排名则较为落后。这些调查结果相当令人费解。在南欧国家居住或逗留的北欧人和英国人经常说，这些国家的人们有多么懂得欣赏人生的乐趣和生活的艺术。或许，类似的情况也适用于美国和加勒比群岛、夏威夷岛或巴西之间的关系。

这似乎是一个悖论。北欧和美国，以及加拿大、澳大利亚、新西兰等国家，可以说拥有良好的社会体系。然而，当我们看到其他国家的人们如何在公共汽车、火车和街上攀谈，一起载歌载舞，享受一顿美食；看到他们如何热情好客，直接表达自己的情感，有时还会表现出非攻击性的高贵和冷淡；我们无法严肃地宣称北欧和美国在生活乐趣方面也持有世界纪录。相反，这里的人们广泛地表现出忧愁、担心、抱怨、身体紧张以及堵车时的攻击行为。社会心理学家迈克尔·阿盖尔在一本关于幸福的书中指出，"这些结果令人难以置信"。阿盖尔解释道，有些国家直接培养了一种文化期望，即人们应该感到满足。所以，北欧人在幸福感上获得高分并位居世界前列，更多可能是因为他们从小就被告知——他们享有了最好的机会，因此没有什么可抱怨的；而意大利儿童则被允许直接表达他们的不快乐情绪。

还有一种相应的更倾向于心理学的研究，也就是研究幸福的各种状态以及如何实现它们。同样，这里使用的问卷调查或评定量表等测量形式，也没有进一步解释真正被测量的内容。这种研究的一个后果是，人们倾向于把幸福的心理状态等同于某种生理状态。大多数人在大脑发出平静的 α 波时，比激活更紧张的 β 波时更能感受到主观和情绪上的愉悦。类似地，当所谓的内啡肽流经身体时，人们会出现愉快的情绪状态。任何慢跑者都知道这一点：在跑步过程中，身体突然会有一种轻盈感和愉快感，而这个人除了跑步之外什么也没做。这些心理生物学的事实无疑是非常有趣和重要的。

然而，这些并不是将幸福与 α 波或"跑步者的愉悦"等同起来的充分理由。这属于生物学上的还原论。在这些知识的基础上，一些认知心理学家和治疗师列出了诱发幸福的活动清单，包括大约 50 个项目，比如"听别人说爱我""喝咖啡""逗人开心""对人微笑"，等等。这些心理学家认为，如果你能让人们做其中的一些事情，他们就会变得更加幸福，更少抑郁。根据这一理念，治疗师可以指导他们的来访者："看看这份清单，做上面的一些事情，然后你会变得更幸福"。

在积极心理学中，埃德·迪纳、马丁·塞利格曼等人对幸福进行了研究。积极心理学是新近发展起来的一个心理学分支。在这个领域，人们通过传统的、严谨的、量化的方法，研究人本主义和存在主义心理学中论及的人类积极和建设性的方面。从存在主义角度来看，积极心理学的成就是引人瞩目的。然而，这个流派似乎有一个尚未解决的方法论问题，即在设计问卷和统计数据之前，所研究的对象（比如，幸福和爱）应该得到透彻的现象学理解；否则存在主义者会认为，研究者并不了解自己当前测量的是什么。

埃德·迪纳对幸福的界定是主观幸福感（subjective well-being）。主观幸福感包括体验到愉快的情绪、较低的消极情绪和较高的生活满意度。迪纳及其同事开发了一个包含五个项目的生活满意度量表，并进行了广泛测试。

马丁·塞利格曼在他关于真实幸福的书中指出，事实上，提高自己的幸福水平是可能的。他汇集了许多研究结果，并将其作为自我提升的幸福指南推广给普通读者。

那么，这种对生活满意度或所谓幸福的社会学和心理学研究，可以在哪些方面派上用场呢？一些社会学家认为，我们可以提出一些关于幸福的意识形态建议，让政治家们去实施。在英国，首相战略办公室发布了关于如何提升国家幸福的建议。认知取向的积极心理学家认为，事实上有可能通过调整思维让对方和自己体验到更幸福的状态。

然而，这两种研究方法的问题在于，它们倾向于把人类仅仅看作由周围环境、政治或心理教育方案所塑造的客体。这里似乎没有空间容纳这一观点，即人类具有自由选择和有意识决策的能力。这些研究没有把人看作一个实现自己的目标、价值和责任的个体。

人本主义心理学眼中的幸福

如果以上观点过于狭隘，即把幸福视为一种可以调整的心理状态，甚至是可以自我调整的，那么我们应该如何理解幸福的概念呢？我们在人本主义心理学中发现了一种更广阔的视角。

在人本主义心理学中，幸福和人们对幸福的追求是重要的主题。人本主义心理学家的一个重要观点是，人类在整个生命过程中不断发展。夏洛特·布勒是因为纳粹而移民到美国的德裔心理学家之一。在德国时，她就对人类生活的整体结构进行了研究。后来，她在美国进一步发展了这方面的工作。

首先，布勒研究了自传和传记中所记叙的完整的生命周期。在研究这些从出生到死亡的生命历程时，她问道：作为一名心理学家，我该如何理解所有这些不同的生命？通过哪个关键概念，可以抓住我在这里观察到的基本核心？从一开始，布勒就被这样一个事实所震惊：从整体上看，任何个体的生活都具有内在的一致性，具有统一的或整合的原则。她把这一整合原则称为意向性（intentionality），这个概念可能是她从胡塞尔哲学中借鉴而来的。

布勒将意向性理解为生活期望和生活任务，这些期望和任务似乎贯穿了她所研究的人们的生活。后来，随着她对不同年龄的普通人进行调查，并在治疗中获得更多关于来访者的经验，她意识到，所有的人显然都有关于自己想要实现的生活的想法。在她看来，意向性是个体寻找生命意义的尝试，是为了回答"我为什么而活"这个问题。后来，她引入了生活目标（life goal）的概念，作为人类将自己的生活引向某个方向的总称。

布勒根据个体与其生活目标的关系，将人生分为五个阶段：（1）个体发展意志、身份和选择能力；（2）个体对生活目标做出初步选择；（3）个体对一些生活目标做出具体而明确的选择；（4）个体回顾自己的生活，并重新定位余生的内容；（5）个体结束他们的一生，并参照自己的生活目标和生活价值，反思生活有多成功和美好（也参见第 3 章）。

布勒特别研究了老年人的成就感以及他们对生活的反思。她写道，在生命的最后阶段，人们会体验到统一的成就感、失败感，或者一种顺从的状态。此外，那些习惯于得过且过的人，后来也会将他们的生活体验为一个整体。

布勒认为，决定一个人生活满意度（或者说幸福）的是他如何解释生活。物质条件和身心衰退并不那么重要，布勒说："满意似乎主要来自建设性和反思性的生活方式；建设性在于，即使重大的悲剧和巨大的不幸也可以被克服并被积极地利用；反思性在于，即使平凡的潜能也可以被用来成就人生和有意义的自我奉献；反思性还在于，一个人尝试回顾和预测自己的存在，并以自己相信的任何措辞来评估它"。一个人的生活目标可能相当明确，也可能模糊和含蓄，但它们仍然会作为一个主题出现在人生的暮年。此外，如果我们是与来访者一起工作的心理学家，请记住，生活目标是所有来访者的重要生活因素或者幸福的核心。

布勒认为，如果忽视了自己重要的生活目标，一个人就会变得不幸福。我们可能都遇到过这样的人，在我们看来，他们以错误的方式在生活，对某些东西有着强烈的渴望，但由于这样或那样的原因，他们无法实现愿望。这种愿望可能是绘画或演奏音乐，可能是追求学术成就，也可能是在乡间别墅里过着一种简朴的生活。

然而，布勒和其他人本主义心理学家的理论同样存在某些弱点。这些弱点也可以在她的同事亚伯拉罕·马斯洛的思想中发现；他根据类似的视角，通过描述人们的自我实现和巅峰体验来描绘他对幸福的看法。人本主义心理学的主要弱点首先是方法论上的，即在定义概念和描述研究的实验程序时缺乏说服力和严谨性；其次是理论上的弱点，人本主义心理学家倾向于认为个体是自由独立的，脱离于他们所处的社会和文化背景，孤立于他们的社会世界。他们倾向于把人看作是由各种内心愿望所组成的。如果这些愿望和目标没有实现，人本主义心理学家就倾向于认为生活偏离轨道了。

这种心理学显然对这一事实不够开放，即每个人心中都有三四倍甚至十倍于自己一生能够实现的目标。只要生活给我们一些空间，许多人都有大量乐意实施的计划。如果这个世界没有限制，我们都会有大量的爱好和兴趣。想象一下那些与我们大谈合作的人就知道了。但人类存在必然面临许多限制。每个人的生活中都会出现不同程度的意外和逆境。有些人的生活甚至被不幸和困难淹没。至于这些限制和逆境对幸福这个议题意味着什么，我们并没有从以快乐为导向的、乐观的人本主义心理学家那里听到很多。但幸运的是，对于这个基本的生活问题，存在主义心理学家可以为我们提供一幅更多面的图景。

然而，在探讨存在主义的幸福概念之前，我们需要深入研究痛苦的概念。人本主义和存在主义幸福观的一个区别在于：总体而言，人本主义心理学家倾向于忽视痛苦的现实及其对幸福的重要性，而存在主义心理学家则倾向于将痛苦纳入他们的幸福概念。

什么是痛苦

痛苦是一种疼痛的状态或体验。痛苦的概念包括了从轻微的不适到无法忍受的剧痛。

幸福和痛苦之间的关系非常复杂。从简单的角度来看，两者是相互排斥的。你要么是幸福的，你要么是痛苦的；这似乎是儿童和头脑简单者常见的思维方式。然而，没有哪个人的生活中没有痛苦。因此，许多思想家尝试提出一种更丰富的幸福概念，它可以包含痛苦，并以可持续的方式与之相联系。

在某些情况下，痛苦似乎会带来更多而不是更少的幸福。我们可以在许多癌症患者身上发现这种令人惊讶的反应。在一项针对 33 名不同类型癌症患者的深入研究中，研究者向所有人提出了下面这个问题：

> 被诊断患有癌症是一种完全消极的经历，还是也会涉及一些积极的因素？

令研究者惊讶的是，只有不到 1/3 的病人认为这件事是完全消极的。超过 2/3 的人认为，这件事既有积极因素也有消极因素。而超过 1/10 的人认为积极因素占主导地位。对于发生在自己身上的事情，女性比男性更容易看到它们的积极方面。下面是这类反应的一个例子：

"你被迫回顾自己的人生，"一位 42 岁被诊断患有癌症的女监狱长说，"我不再在生活中迷茫奔波，而是开始更和谐地生活。而且我变得更强大了……因为如果不这样做，你就会变成一个相当温吞的人，你会认为只要实现了这个或那个愿望，只要发生这样或那样的事情，你就会拥有世界上所有的可能性。一直以来，你就处于一种等待的状态。我不会再那样了。我不等待任何事情。我认真地过每一天。"

痛苦包括了好几个方面：（1）身体痛苦，主要是指身体上的疼痛或不适。身体痛苦包括了重疾患者（比如，癌症病人或交通事故受害者）的身体疼痛、不同寻常的头痛或胃痛，以及更为弥散的症状，比如极度的耗竭、宿醉后的虚弱或夸张的体能训练引起的疼痛，等等。（2）心理痛苦，表现为焦虑、抑郁、悲伤、悔恨以及其他感到痛苦的心理状态。此外，生活中的遗憾、过度的野心、普遍的悲观或缺乏生活的意义和方向，都属于这一类别。（3）社会痛苦，指的是被排斥在社会参与之外，不被认可，遭受种族歧视、排外或其他偏见，遭遇敌对或攻击的行为，等等。（4）精神痛苦，是指一个人对我们的地球或整个世界的状态感到痛苦，对我们时代的利己主义或可悲的道德态度感到痛苦。

因此，作为人类，我们很容易遭受许多方面的痛苦。痛苦是我们日常生活的一部分，尽管很多人不愿意面对这个事实。对于日常生活质量和生活满意度来说，重要的是我们如何处理充斥在生活中的不可避免的痛苦。

对待痛苦的四种方式

人类已经发展出许多不同的方式来处理日常生活中的痛苦。而且，不同的文化也有各自处理痛苦的方式。

有些文化（例如现代西方社会）相当不能忍受痛苦，并试图通过人为的方式来消除痛苦，比如通过镇静剂或其他药物。然而，痛苦极有可能以某种方式卷土重来，使人们过着一种贫瘠和肤浅的生活，使其人生缺乏深度和根基。有些文化则为它们的居民提供了更多的训练，让他们能够以平静和庄严来忍受不可避免的痛苦。

痛苦是生活的一部分。当然，只要有可能，我们应该减少并抵制它。但是，许多痛苦仍然除之不尽。那么，我们如何对待这些生活中不可避免的痛苦呢？

最简单的方法当然是抱怨，通过哭泣、尖叫或呻吟把你的痛苦发泄出来。我们可以在摔倒受伤的孩子身上,在那些遭受强烈痛苦或者根本不习惯面对痛苦的成年人身上,看到这种简单的反应。但在成长的过程中,大多数人会对自己的痛苦形成一种更为反思的态度。他们似乎在思考:我该如何处理这种痛苦?我要如何面对它?我应该一直关注它,还是忘掉它?我应该自怜、愤怒,还是无动于衷?我应该向其他人倾诉吗?

我们可以把这些反思的态度分成四种类型:(1)把痛苦视为可以控制或征服的东西;(2)把痛苦视为可以与之对话的现象;(3)把痛苦视为一种积极的挑战或礼物;(4)把痛苦视为你完全无法左右的命运。

在下面的内容中,我们将以一些慢性疾病患者为例,比如患有癌症、多发性硬化症或关节炎的病人,详细阐述和讨论这四种态度。

当一个人患上某种疾病时,他要面对的不是一件事,而是有两件事要思考。第一件是疾病本身以及所有的医疗问题。第二件是他要与自己的疾病建立一种关系。虽然从某种角度来说,疾病对每个人来说都是一样的,但每个人与疾病的关系可能千差万别。

控制疾病

首先,让我们更仔细地检视这个观点:疾病是一个人可以控制的东西。近年来,应对这个概念已经成为健康文献中的标准术语。它的基本思想是,如果你受到疾病或痛苦的折磨,决定性的因素是你如何处理或管理这种情况；这便是掌控或应对疾病的观念。

这种观念可以追溯到某些心理学家，他们对一些人进行了访谈，了解人们如何处理生活中极其困难的情境。在此基础上，研究者列出了一份重要的生存策略清单，并将其称为"应对机制"。根据这些研究来看，应对或控制机制常常关注问题的解决，包括计划、收集信息和控制损害等活动。它也可能专注于处理和控制个体的感觉——通过思考其他事情，体会这种感觉并把它表达出来、做白日梦、压抑自己的感觉、让自己投入其他活动，等等。这些研究的最初想法是探索人类自发形成的生存或应对机制。然而如今，应对这个概念往往被标准化地使用。人们经常会说："某人很擅长应对他的处境。"一些研究者尝试提炼应对机制的本质，并将其重新表达为所谓的建议，然后提供给病人。

然而，这些研究基于一个极具争议的前提：研究者将"机制"从其发挥作用的环境中分离出来了。当这些策略被记录下来的时候，它们将作为每个人都可以使用的技术出现，这样人类生活就变成了一个技术问题。如果医疗人员教病人如何使用这些技术，就有可能使病人与其自身建立起一种关系，把自己的身体当作仪器或工具。医疗人员无意中向病人灌输了这样的观念：疾病和疼痛是可以通过技术手段被克服的问题。但对于疾病或疼痛来说，这样的掌控是不可能的，因为它们也有自己的生命和逻辑。

与疾病对话

罹患疾病的人面临的任务是，找到一种与疾病共处的方法。他们必须设法弄清楚，这种疾病是否可以消除，还是会持续下去。他们必须与疾病做朋友，或者至少能和它交谈。疾病是一种现象（phenomenon），个人必须与它进行对话。对话要有倾听。在这种情况下，交谈可被理解为内部对话（internal dialogue）；也就是说，个体与自己进行交谈。个体的一部分对另一部分说话，而另一部分仔细倾听；就像你在树林里散步时，对自己说最近过得怎么样。

在内部对话中，对话者——也就是交谈的对象——不是一个可以被差遣的客体，而是一个有生命的实体，有着自己的意志和逻辑。如果有人希望与自己的疾病进行对话，他们就必须虚心地去询问和倾听，思考疾病要对他们说什么，探索疾病对他们提出的要求（不要让病痛太强烈），等等。

乔恩·卡巴金非常提倡这种对话的方法，"疾病和痛苦的症状，以及你对它们的感受，可以被视为一位信使，他带来了关于你身体或心理的重要信息……杀死信使、否认信息或者感到愤怒，都不是疗愈的明智方式。我们唯一不能做的事，就是忽视或破坏这些重要的联结，它们可以完成相关的反馈回路，恢复自我调节和平衡。当我们有某种症状时，真正的挑战是看我们能否倾听它们的信息，真正地听到它们，并把它们牢记于心"。

疼痛和痛苦是无法被控制或征服的。但如果个人能够与它们对话，就建立起与之共处的首要前提。根据博斯的观点，身体疼痛总是涉及了个人与整个世界的关系。任何身体疼痛都不能被孤立地理解，只能根据它对整个人活动的意义来理解。因此，要理解自己作为病人的新情形，还必须认识到疾病对整体生活状况的影响。

与疾病的对话，还涉及个人对医学诊断的看法和态度。了解自己的医学诊断，通常来说总是有益的。因此，许多医生和心理学家都努力让慢性病患者接受自己的诊断。

然而，我们也必须询问，这种方法是否总是卓有成效？如果一个人不了解医学诊断，是否就不会过上更美好、更幸福的生活？当然，诊断可以为一个人提供清晰感和安全感。就拿糖尿病来说，如果病人遵从医生关于生活方式的建议，那么诊断会提供明显的健康利益。但与此同时，个体也不得不适应病人这个角色。他们意识到，自己的余生已经被设定了新的限制。这些限制在一定程度上是人为的，而且与患者生病之前相比，可能会降低他的生活质量。

将疾病视为礼物

有些人能够接受他们的疾病，将其视为一件积极的事；在外人看来，这种态度可能非常令人惊讶。让我们来看下面的例子。

一位50岁出头的女性被诊断患有乳腺癌；当我们问她，在患上这种疾病之后，是否体验到了不同的心理状态，她的回答如下：

我觉得自己现在才开始活着。确实如此。要没有生这个病，我无论如何也不会这样！在得到诊断六个月后，我意识到了这一点。这是一次真正的挑战，并不是只有死亡和毁灭。它可能会导致死亡——肉体上的死亡，但在此之前，如果我允许自己抓住机会，我存活的概率就会最大化……但对我来说最有价值的是，我体验到了巨大的自由。我感觉自己有权利活在这个世界上。以前，别人总是比我重要。今天，在人生这场游戏中，我把自己看作与他人平等的一枚棋子；没有更好，也没有更差。我接纳自己的一切。我发现，我可以去做自己想做的事，我知道自己可能会犯很多错误，但这也是可以接受的……所以今天，我选择将我的人生看作一个漫长的学习过程。

这个女人接着讲述了她的身体如何变得更加敏感，现在她对身体和心灵的体验与她患病之前的体验完全不同：

早些时候，我觉得自己就像一个机器人，不停地跑，不停地想，总是试图弄清楚一切，谴责自己做过的每一件事，还担心自己的未来。我唯一没有做的事情就是专注于当下的生活。这个疾病赋予了我难以置信的自由。因此——当你能量很弱的时候——仅仅躺在那里也没什么。我认为，接纳才是关键。

这个女人体验到了对自己越来越多的接纳，而且她对此感觉很好。

这样的说法绝非罕见。由此产生的研究包含了许多类似的描述。这些受访者描述了他们在患病之前是如何苛求自己、看轻自己，而在经历这场疾病之后，他们对自己有了更多的接纳，并获得了一系列新的体验。

这些受访者表示，他们变得更有活力、更真实、更开放和更自由了；总的来说，他们改善了自己与世界的关系，变得更加自在，甚至开始对这种疾病心存感激。从外人的角度来看，这样的说法似乎是不可思议的。身体健康的人通常都害怕严重的疾病；他们觉得这样的前景令人恐惧，因此无法想象有人会对这种状态赋予积极意义。

当然，并不是每个人都能对疾病赋予积极意义；这里所说的也并非暗示有能力这样做比没有这种能力更好！每个人都能找到自己的解决之道。但是，让我们想想那些停止在疾病中寻找积极意义的人，有时候，他们会在很短的时间内走向死亡。

面对严重的疾病，每个人都被置于必须做出选择的境地。个人迄今为止赖以生存的意义突然被新的经验所反驳。在这个时候，一个人不得不做出非常艰难的选择：要么接受新的局面，重建生活的意义，也就是改变生活的目标；要么拒绝新的局面，紧抓着旧有的意义。

当人们面对这个极其困难的选择时，他们有时会彻底地修改自己生活的意义和根基。在这样做的过程中，他们往往会发现，以前构成他们生活基础的意义（例如，我的事业就是一切；都是为了这个家；都是为了表现良好、受人欢迎；等等），现在已经不重要了。此刻，在他们看来，这些都是从别人那里吸收而来的，或是在他们童年时期被反复灌输的，而不是自己真正接纳的东西。无论在普通人看来多么不受欢迎或可怕，疾病都为他们提供了一个机会，让他们选择真正属于自己的生活意义和根基。

将疾病视为极限情境

到目前为止，我们的例子都来自这样的情形，即个人感觉在一定程度上仍能做出选择。但是，疾病也可能是无法忍受的，并且根本没有选择的余地。作为治疗的副作用，一位女病人有时会感受到难以承受的腹部疼痛。她在谈到这种疼痛时说：

> 当疼痛最严重的时候，我想把整个世界拒之门外，我在想：不，如果我还要包容这一切，我就无法包容这个世界。但是，当疼痛减轻、不再那么强烈时，我又迅速回到这个世界……某天清晨，我没有疼痛地醒来，那是一件幸事。然后，我可以计划那天要做些什么。但如果我在疼痛中，我就什么都做不了。然后，我就失去了勇气。而这正是培养勇气最重要的时刻。我需要一整天来召唤勇气。我相信，你必须在自己身上感受过这样的

事情，才能理解它。要是没有勇气，我可能早就完蛋了。这太难了。然后，我体验到了一种感激之情。我不知道我要感激什么，也不知道我要感激谁——也许是有点感激我自己："干得好，凯伦！你还在这里。"也许是因为我有一颗好奇心。我想听更多的歌，我想读更多的书。我想在树林里散步，做那些以前做过的事，我真的很想那样。透过我的窗户，可以看到很好的景色。从这里望过去，可以一直看到地平线。我真的很开心。这也是与世界相遇的一种方式。没有这道风景，我恐怕活不下去。它让我感觉我在和大自然对话。

这个女人一直处在人类忍受疼痛的边缘。她被迫面对几乎无法忍受的疼痛，并不得不接受这个事实。但有时疼痛消失后，她被赋予了一种特殊的力量，并且照亮了她随后的生命活动。

表 2-1　对待疾病或痛苦的四种方式

试图控制疾病 / 痛苦
- 相信自己的认知能力
- 把痛苦看作有待解决或征服的问题
- 设计解决方案并渡过难关

进入与疾病/痛苦的对话

- 倾听疼痛,听痛苦在告诉你什么
- 倾听痛苦希望你怎样生活
- 尝试满足痛苦所提出的要求

把疾病/痛苦看作你收到的一份礼物

- 专注于你能从痛苦中学到什么
- 专注于向你敞开的新生活
- 专注于被给予的新机会,并尝试心存感激

承认疾病/痛苦是你无法改变的,是一种极限情境

- 最终,接受有一些事情是无法改变的,无论你做什么
- 接受这个事实:有一些东西比你更强大
- 接受你的痛苦,让它成为你生活的一部分

对一个人来说,被迫面对人类的终极限制,也就是面对自己的极限情境(limit situation),这意味着什么?德国精神病学家和存在主义哲学家卡尔·雅斯贝尔斯就此提出了一种理论,区分了人类的正常情境和极限情境。

正常情境是我在一定程度上可以处理的,是可以与其他已

知情境相比较的，是我可以影响并参与创造的，是我可以进入和退出的。而极限情境是不可改变的，它与我们的生活有着不可逆转的联系。根据雅斯贝尔斯的说法，它就像我们撞向一堵石墙。我们无法改变它，只能去看清它。

雅斯贝尔斯提到，面对死亡和不得不忍受痛苦，就是这种极限情境的例子。在这些情境下，极限或界限是无法被移除的。从存在主义角度来说，处理极限情境意味着接受它的特定性质，而不是试图通过猜想各种不会应验的情境来回避这一现实。雅斯贝尔斯说，"这种情境的限定性和特殊性，成为一个人实现其存在的必经之地"。雅斯贝尔斯特别关注因生病而引起的痛苦。他说，人们会尽可能地避免痛苦。他们会缩小自己的视野；不想从医生那里知道真相；不想承认自己的疾病；不愿面对随之而来的身体和精神的衰退，不肯接受自己新的社会地位。

然而，总有一天，痛苦将不可避免地呈现出来。这就是极限情境。雅斯贝尔斯说，"只有到那时，我才会接受痛苦是我的命运：我感到悲伤，向自己承认痛苦的存在，活在接受与不接受痛苦的张力之中，有时与它抗争，设法减少或推迟它，但最终我承认这个痛苦是我的，它属于我。没有人能够再把它带走。它成了我人生的一部分"。雅斯贝尔斯用了爱命运（*amor fati*）这个词来形容这种状态；也就是说，你开始热爱自己的命运。

雅斯贝尔斯说，没有悲伤的幸福是空虚的。乍一看，痛苦和幸福似乎是矛盾的；但从长远来看，排除了痛苦的幸福，并没有为真正的生活提供空间。

存在主义视角下的幸福

那么，从存在主义的角度，我们应该如何理解幸福呢？幸福的概念在个人与世界的相遇中不断变化。像许多人本主义心理学家那样，把幸福视为某种程度的自我实现是不够的。存在主义取向尝试整合痛苦和欢乐，将幸福理解为个人与世界之间一种特殊的关系，一种特定的存在于世的方式。

事实上，我们有两种幸福的概念：极度快乐和深度幸福。在某种程度上，这两个概念分别反映了人本主义和存在主义心理学的立场。让我们简单说明一下这两个概念。

极度快乐是这样一种精神状态：在这种状态中，个人感觉所有重要的需求都已得到满足，所有重要的目标都已经达到。个人感到无比满足，在某些情况下甚至与环境或自然融为一体。这种精神状态以排除痛苦为前提，因此，它通常不会持续很长时间。人本主义心理学家讨论过这种类型的幸福，比如马斯洛对人类最美好的时刻（即所谓的巅峰体验）的描述。后来，积极心理学家米哈里·契克森米哈赖把类似的体验描述为"心流"，并提出了如何获得并维持这种理想状态的有趣理论。

深度幸福则是一种持续的平衡状态，在这个平衡中，一方面是个人的愿望、目标和需要，另一方面是周围环境或外部世界。这种状态与个人的愉悦、平静和放松关系密切。

我们经常遇到一些人，他们可以用极度快乐的概念来描述自己的幸福时光。但我们很少见到有人说他们在根本上是幸福的，就像深度幸福的概念所描述的那样。在存在主义心理学家中，博斯特别研究了这种深度的幸福并将其付诸文字。他的兴趣在于了解理想的存在方式。他为理想的"在世之在"创造了一个特别的表述："从容快乐的平静"。

如果我们仔细研究这个表述，可以指出构成它的三个要素，也就是三个基本概念。第一个要素是自由，也就是说，不受世俗的约束；你不是一个被奴役者，不必凡事顺从别人或遵照世俗规定，你可以跟随自己内心的声音和召唤。第二个要素是欢乐，也就是快乐、活泼、活力。第三个要素是平静，换句话说，冷静、清醒，并且能够尊重现实世界。

人们经常讨论，这种"从容快乐的平静"应该被理解为一种相当普通的心境，还是一种非常独特、难得的状态？在这里，我把博斯的幸福观念理解为一个苛刻的概念。它描述了一种很少遇到的状态。这个概念包含许多不同的内容，我想强调以下三个层面。

第一个是身体或心理生物学的层面。内科医生和压力研究者赫伯特·本森研究了这种特殊的心理生物状态；在这种状态下，身体所有的肌肉放松，血压和脉搏减弱，内心和平与宁静。他称这种有益健康的反应为松弛反应：在体力消耗或机体警戒状态之后，副交感神经系统开始接管并带来身心上的平和、宁静和愉悦。这种状态在冥想过程中经常出现。我们可以称之为身体的幸福。这个身体或心理生物学的维度，在许多冥想和相关练习中也得到说明，比如乔恩·卡巴金在马萨诸塞大学医学中心减压诊所进行的正念冥想研究。在正念冥想中，你会用一种非常简单的方式把自己的注意力集中在呼吸上。这个练习可以让你体验到身体的完整和平静，体验到身体里的自在感，体验到做自己的感觉。其他的冥想练习也有类似效果。

第二个层面是对死亡的清醒认识。根据存在主义思想家的观点，人的存在向每个人提出的最重要的任务，就是查明我们希望如何与最终的死亡现实相联系。吉翁·康德劳和罗洛·梅都从存在主义角度深入探讨了死亡焦虑的性质和根基。他们都认为，死亡焦虑与生命实现或未实现的程度有关。"未实现的生命"这个概念，是指一个人可能身体上完成了或走完了他的生命历程，但他还没有"真正地活过"，换句话说，还没有实现自己的潜能，没有面对他在生活中遇到的挑战。根据康德劳和梅的观点，一个活得充实和完整的人，无论死亡来得是早是晚，只会体验到轻微的死亡焦虑。另一方面，一个人如果不得不放弃许多他们本应该处理的挑战（无论是一些活动还是关系），就会发现离开这个世界更加困难和痛苦。用海德格尔的话说，这个人没有倾听自己内心良知的呼唤。梅和亚隆用"存在性内疚"来说明这种未实现的生命状态；换句话说，你欠自己一些生命。

"从容快乐的平静"还包含了精神性层面。这个概念所包含的关于存在的平静也是一种精神上的平静。个体已经适应了他们属于一个更伟大的造物者，并接受了这种感受。这个更伟大的造物者可能是世界秩序、地球、宇宙。第5章将进一步讨论这个精神性层面。

我们能否评估一个人离幸福有多近或多远呢？仅仅通过问卷中的一两个问题肯定是不够的。我相信，最终裁决要到死亡的那一刻才能做出。直到那一刻，我们才能根据这个人被赋予的条件，确定他的一生是否过得很好。这里所涉及的过程是很难研究的，因为个人的生活叙述直到最后一秒都可能被调整和改变。

走向人生幸福的过程和调整一个人的生活叙述非常重要，而且直到生命尽头都是有效的。关于一个感人的治疗例子，可以参考厄内斯托·斯皮内利的伊丽莎白案例。也有许多杰出的文学作品描述了人们生命结束和死亡的时刻。例如，托马斯·曼的《布登勃洛克一家》（Buddenbrooks）中那个老商人的垂死挣扎；托尔斯泰笔下那个身患癌症的利己主义伊凡·伊里奇，在弥留之际突然变得温和、敏感和宽容。而在小说《悉达多》（Siddhartha）中，赫尔曼·黑塞描述了一种可能很早就存在，但如今很少见的死亡方式——走进树林里，静静地躺下，安详地死去：

悉达多向辞行者深深鞠躬。

"我知道了，"他轻声说，"你要走进这片树林？"

"是的，我要走进这片树林：走进万物的统一。"瓦稣迪瓦身上笼罩着光芒。

瓦稣迪瓦走了。悉达多注视着他，只见他步伐平和，容光焕发，满身华彩。

为了更深入地理解一个人的死亡之旅，我们可以再看看雅斯贝尔斯的观点。雅斯贝尔斯描述了人在生命各个阶段对死亡的看法。在黑塞的小说中，瓦稣迪瓦对死亡（包括他自己的死亡）做了很多思考，最终他与死亡达成了一种平静的关系。雅斯贝尔斯的观点意味着，当我们 20 或 30 岁时，我们对死亡有某种看法；但当我们 40 岁或 50 岁时，我们对死亡的看法又会改变。雅斯贝尔斯对此有一个惊人的表述："死亡随我而变"。确实，死亡随着瓦稣迪瓦在改变，正如小说中告诉我们的，最终以一种完全平静的死亡态度为顶点。这种与死亡所达成的清醒、平静和自由的关系，我们在苏格拉底身上也看到过。

表 2-2　幸福的三种概念

- 幸福是一种"主观的愉悦"。它包含了愉快的情绪、低水平的负面情绪和高水平的生活满意度。它可以通过问卷来测量（积极 / 主流心理学）。
- 幸福是一种深刻而持久的状态，在这种状态中，你实现了自己的基本潜能，并按照自己的价值观而生活（人本主义心理学）。
- 幸福是你能够自由和开放地与这个世界相遇，能够把生活中的欢乐和痛苦融入到与这个世界的持久关系中，这种关系的特征是"从容快乐的平静"（存在主义心理学）。

然而，这并不意味着你越老，就越容易接受死亡。许多老年人发现很难离开这个世界，而一些年轻人却能心平气和地告别。后一种情况令人不解：为什么有些年轻人可以安然地离开这个世界，而且头脑似乎很冷静？在这一点上，我们应该听听罗洛·梅的观点。他说，死亡与生命相辅相成。只有你有幸本真地活着，也就是说，去做那些最适合你的事情，你最终才能安然地离开这个世界。博斯的理由也是如此：为什么普通人如此害怕死亡，而恋人似乎不是这样？普通人害怕死亡，是因为他们忧心忡忡；但爱情生活赶走了忧愁。他的理论是，焦虑和爱不能共存于同一空间。因此，在有爱的地方，焦虑（包括死亡焦虑）便被驱逐出境。

这把我们带回到了博斯的幸福概念——自由和无忧的心神稳定，也就是"从容快乐的平静"。这种状态包括了个人与世界接触时的清醒和开放，以及随遇而安和顺其自然的意愿。当一个人的存在是开放和自由的，他的心灵就会平静地面对自己的死亡。这样的心灵与幸福是相协调的。

幸福在治疗中的角色

幸福这个词应该是所有心理治疗的基本概念之一。绝大多数来访者都特别关注幸福和不幸的问题。毕竟，人们寻求治疗的一个重要原因就是感到不幸福。有时，我们甚至希望治疗师也能反思自己的幸福或不幸。但在大多数心理治疗的文献中，幸福这个词又几乎是缺席的。这是为什么呢？

让我们仔细看看心理学家或治疗师与来访者谈话时发生的基本互动。来访者希望多一点幸福，或者少一点不幸。事实上，治疗师也有自己的幸福问题，以及自己关于幸福的经验。那么，治疗师的任务是帮助来访者变得更幸福吗？

答案取决于我们对幸福的定义，以及我们对治疗过程的看法。西格蒙德·弗洛伊德认为，如果病人在完成分析之后能够工作和爱，那么治疗就是成功的。他对绝对幸福几乎没有任何信心。在精神分析传统中，弗洛伊德的大多数同事似乎都秉持类似的信念，即减轻不幸和其他痛苦是可能的，但这并不等于带来幸福。相反，只是深层的痛苦被日常问题所取代了。

人本主义心理学家卡尔·罗杰斯可能是第一个提出以幸福理想治疗目标的人。他认为治疗目标是培养一个"充分发挥机能的人"。充分发挥机能的人始终处于变化的过程中，而不是以达到某种稳定、持久的状态为特征。这个治疗目标有三个要点：第一，来访者在体验内在和外在生活时，应该变得更少防御、更加开放和更加接纳；第二，来访者应该增强他活在当下的能力，一个人在下一刻做什么来自他此刻行动的经验；第三，来访者应该对自己的机体发展出更多的信任，这样他就能越来越多地基于当下的感觉做出决定和行动。

存在主义心理学家博斯将他的治疗目标描述为"从容快乐的平静"。但他也用直白的语言表达了同样的想法：治疗应该使来访者能够自由和开放地与这个世界相遇。这句话看起来很简单，却道出了最重要的东西。

治疗师通过治疗关系帮助来访者朝这个方向前进，因此在存在主义治疗中，治疗关系是最重要的。这种关系是一种特殊的关爱纽带。海德格尔指出，一个人可以用两种截然不同的方式关爱另一个人。他谈到，一种关爱方式是代庖式（leaping in，德语是 einspringend-beherrschenden），另一种关爱方式是引领式（leaps ahead，德语是 vorspringend-befreienden）。① 在代庖式的关爱中，治疗师替来访者解决他们的问题，减少来访者的焦虑，增强他们的自信。这是一种操纵式的关爱，它会使来访者产生依赖。在引领式的关怀中，治疗师确认来访者可能选择的道路，然后挑战或激励来访者朝着目标前进。然而，治疗师并不会越俎代庖，他会说：这是你要完成的事情。这样的治疗师能够让来访者如其所是，按照自己的方式成长。这就是一种使人自由的关爱。

在这里，我们遇到了一种微妙的平衡。治疗师不能也不应该使来访者"幸福"。如果这是可能的，它将无异于滥用权力，就像海德格尔说的操纵式的关爱。但另一方面，治疗师也不应该不关心来访者的幸福。治疗师应该对其有所盼望，也应有所贡献，将其作为他们帮助来访者的主要目标，促使来访者自由和开放地与这个世界相遇。让我们来看看"自由""开放""相

---

① 这里的"代庖式"和"引领式"，也可以译为中国人常说的"授人以鱼"和"授人以渔"。——译者注

遇"这三个词。用马丁·布伯的话来说,与这个世界相遇意味着这个人和世界对彼此开放,对彼此的存在开放,并通过这种相遇而变得充实。自由意味着这种相遇或者个体与世界的关系不受束缚;它是一个积极的、自主的选择,是个体所认同的事情。开放意味着放弃你对外界固定和封闭的想法,放弃你根深蒂固的偏见,准备以不偏不倚的心态面对你所遇到的一切。开放还意味着面对这个世界的现实,无论它们是令人愉悦还是令人不快的,并在其中找到自己的立场。

治疗师对待来访者的态度,应该就像对待好朋友一样:不仅对他们有所承诺和爱,而且愿意让对方做自己。如果能把对他人爱的承诺与让对方做自己的意愿结合起来,那么我们就可以引导他人走向幸福。爱的关注和让对方平静的能力相结合,是帮助他人在生活中获得更多幸福的关键准则。这条准则适用于治疗关系以及所有其他的人类关系。

第 3 章

爱与孤独

如果你问一个人，是什么让他的生活更有价值，最常见的答案是：爱。如果你问接受心理治疗的来访者，他最渴望或最想要的是什么，答案往往也是一样的：一种充满爱的生活。爱的意义被以下事实所进一步强调：那些遭遇车祸或罹患绝症的人，在受到死亡的威胁后，往往会优先考虑生活中爱的层面。

因此，几乎每个人都期望充满爱的生活。那么，没有爱或缺少爱的生活是怎样的呢？许多人会用"空虚"来形容这样的生活。空虚的感觉通常也被认为是孤独或寂寞。孤独是个体对他在这个世界上孤身一人这个事实的基本认识；而寂寞是伴随这种认识而来的悲伤情绪。我们认为，孤独是这两种经验中更基本的感受，尽管它们密切相关。

现在，你可能会问：爱和孤独，哪一个才是人类生活更基本的特征？它们之间又有什么关系呢？

一些存在主义学者似乎认为孤独是更基本的角色；也就是说，人类的分离和寂寞是更基本的。美国的学者似乎比欧洲同行更强调这一点。另一方面，欧洲人则倾向于将爱视为两者中更根本的东西。美国存在主义心理学家欧文·亚隆这样指出孤独的角色："没有任何关系能够消除分离。我们每个人的存在都是孤独的。但是，爱可以补偿分离的痛苦，从而可以分担孤独"。瑞士存在主义精神病学家梅达尔·博斯则提出这样的观点:"没有人会感到孤独,除非这个人的存在是与众不同的。孤独总是指向超越自身的某种共存,只有当个体与他人的基本共存被剥夺时,这个人才会感到孤独"。因此,根据这种观点,孤独预示着更基本的人类共存状态的缺失。

美国和欧洲在这一观点上的差异,可能反映了它们在思维方式上更深层和更普遍的分歧。在《天堂与实力:世界新秩序下的美国与欧洲》(*Of paradise and power: America and Europe in the new world order*)一书中,罗伯特·卡根将美国的取向描述为"霍布斯式的无政府世界",关注威胁、权力和混乱;相反,欧洲的取向是"康德式的永久和平世界",更关注规则和协商。

爱与孤独是一种对立的关系。如果你感到孤独,然后体验到丰富的爱,你的孤独就会减少。一些学者认为,充足的爱甚至会使孤独消失。弗洛姆虽然自称人本主义精神分析学家,但他的立场非常接近存在主义心理学家,他指出,爱的团聚是对人类分离的回答。其他学者比如克拉克·穆斯塔卡斯认为,爱没有让孤独消失,而是赋予了它一个新的、更丰富的维度。他说:"对活着的人来说,孤独和爱的旋律加深并丰富了人类的存在……没有孤独,爱就没有意义;在爱的映照下,孤独才更加真实。"

爱是什么

对爱的一个经典定义是:"一种深切关注、喜欢和奉献的感觉"。但是，有没有可能描述爱的本质、爱的核心呢？在某种意义上，这是不可能完成的任务。爱必须是亲身经历和亲身体会的。对爱的描述，最好留给诗人去做。爱这种强烈的感情，几乎不可能以教科书式的语言来呈现。尽管如此，我们还是要尝试一下。

让我们来看看情侣之间的爱，这是一种典型的爱。这种爱的首要因素是双方之间的特殊关系，其特征是亲密的接触、相互依恋，以及强烈的一体感和联结感。双方都有一种激烈的、温暖的积极情感，这种情感通常是真心实意、发自肺腑的。而且，双方都有一种想要厮守的倾向，有一种明显的舒适感，以及在彼此陪伴下的愉悦感。

然后，这种关系构成了交换象征性或真实礼物的基础：双方都在给予和接受。他们不只是相互观察，还积极地交换礼物。有人可能会问，在这段关系中，给予和接受哪个更重要？今天，人们经常感到自己需要爱和关心，这似乎表明了爱的接受性。尽管如此，在爱的关系中，给予的功能必须被视为首要的。爱的感觉使人们觉得需要为对方付出，为对方着想，为对方守候。而接受爱的礼物，会激发你回馈的愿望。情侣之间会交换爱抚、鲜花、珠宝、食物、音乐、书籍和许多其他东西，但首先，他们给予和接受的是彼此身心的在场[①]。

[①] 在场（presence），也译为"临在"，指一个人全身心地处于某个当下，或者陪伴在某人身旁。——译者注

当人们在爱的关系中获得成长和活力时，这与一种不同性质的交换有关：情侣之间通过彼此的爱认同、肯定和接纳对方。被他人认同、肯定和接纳，是一个人能够展现自己的基本前提。看到对方身上的潜能并让其成长，就会激发出他们身上所隐藏的东西。

爱还包括让对方是其所是的能力——德国存在分析家精确地称之为"让其存在"（seinlassen）。尽管我对一个人着迷，但能够让他做自己，允许他与我不一样，这意味着对他人自主权的极大尊重，这或许也是对爱的严峻考验。

最后，存在主义哲学家马丁·布伯和奥托·博尔诺还指出了爱的一个重要特征：爱无法被事先计划或强行征召。爱是自然发生的。如果事实上我不爱一个人，那我无法强迫自己去爱那个人。但是，如果我在这个世界上保持开放和接纳，如果我以开放的心态与他人相遇，那么对另一个人的爱就有可能发生、显现并淹没自己。这并不是说，如果你对另一个人的爱在减弱，你不能做任何事情——你当然可以做点什么。但是，你不能用命令召唤爱出现。

综上所述，爱的核心方面可以被描述为：（1）一种以独特的联系、亲密和真诚为特征的关系；（2）在这种关系中，双方相互给予和接受，也就是交换象征性或真实的礼物；（3）这种关系的特征是能够让对方是其所是；（4）在这种关系中，两个人向对方敞开心扉，自然而然并压倒一切。

爱之种种

在上文中，我们试图概括爱之现象的本质。然而，爱的形式却多种多样。罗洛·梅指出了西方传统中的4种爱：（1）性爱（sex）（肉欲，出于本能的性欲）；（2）情爱（eros）（生产或创造的驱力，以更高级的存在和关系为目标）；（3）友爱（philia）（友情，兄弟之爱）；（4）博爱（agape）（致力于他人福祉的爱）。梅说，在具体的爱的体验中，这四种类型是相结合的。在本节中，我们将讨论前3种爱之间的关系；并在随后的章节中讨论博爱。

性活动（sexual activity）本身并不是爱，因为也有无爱的性这种东西。在某些情况下，与性有关的感受是如此强烈，以至于有人认为这就是爱。但在这种情况下，当性行为结束之后，这些感受就会迅速消失。

爱和性也可以融合于一体。虽然这种融合不怎么常见，但它确实是存在的。在我们这个时代，也许更常见的是这样的关系：要么是强烈的性吸引加上一定程度的爱，要么是强烈的爱（可以理解为心理亲密）辅以一定程度的性吸引。当然，我们也发现在相当多的关系中，心理亲密和性吸引的程度都很低。

坠入爱河并不等同于我们所定义的爱，但它可以是爱的诱发阶段，是后来导致爱的初步阶段；它也可以与爱融合，成为情欲之爱。也许坠入爱河是随后发展持久之爱的前提条件。弗洛伊德将恋爱状态描述成一种神经症，在这种状态下，人们容易被欺骗并否认现实；但是，于尔格·维利和弗朗西斯科·阿尔贝罗尼为恋爱状态正名，并描述了它的许多积极和发展中的潜力。阿尔贝罗尼写道："唯一能够在婴儿期和家庭纽带之外，建立一种牢固关系的力量便是恋爱。……两个以前互不相识的人坠入爱河，成为彼此不可或缺的人，就像孩子与父母之间的关系一样。这确实是一个令人着迷的现象！"正如读者所知，许多婚姻都不能够长久维持。其中一个原因可能就是，在结婚之前没有足够强烈和令人着迷的恋爱期。如今，婚姻往往是在双方个性充分发展后才缔结的，而他们此时已经非常清楚自己的需要和要求。因此，夫妻之间的完美融合受到了阻碍，他们长相厮守的基础也变得脆弱。这个联盟在牢固建立之前，就已经被侵蚀。

最后，还有一个爱的分支，它与爱情类似，但没有那么强烈。这就是友爱和喜欢的感觉。"你爱你的伴侣吗？"好友之间有时会互相询问。"嗯，那要看你怎么定义爱了，我当然非常喜欢他（或她），但我们现在更像是朋友。"人们可能这样回答。在这里，我们遇到的是减弱的爱情关系，它已经变成了友爱。

必须补充的是，除了人类同胞之外，爱也可以指向其他物体。爱可以指向音乐、诗歌和艺术，指向自然（森林、山脉、大海），指向动物和植物，指向特定的活动（体育运动、演奏音乐），等等。爱还可以指向这个世界或人类本身。

有可能爱所有的人吗

这里有一个重要的问题：你只能爱有限的几个人，还是有可能爱全人类或全世界；换句话说，你可能对遇到的每个人都保持爱的态度和关系吗？普遍的爱是可能的吗？你应该对遇到的每个人都充满爱和同情？还是把爱、关心和同情只留给生命中几个特别的人？

对于这个问题，我们有两种明显不同的理论和两种不同的答案。它们基于利他主义（或利他之爱）这一术语来讨论这个问题。利他主义者是一个为他人着想的人或为他人利益而行动的人。这不一定意味着自我牺牲。根据利他主义这个概念，利他主义者可能有自己的快乐，也可能会从利他行为中获得利益。

根据第一种理论，即内群体利他主义或部落利他主义的理论，人类当然能够利他和爱人，但仅限于在一个确定的群体内。根据这个理论，内群体的利他主义总是伴随着外群体的利己主义或外群体的敌意。这一理论的两位支持者埃利奥特·索伯和戴维·威尔逊声称，内群体的利他主义现象有强烈的进化基础，因为在进化的过程中，群体之间一直在相互竞争，最优秀的群体最终胜出。因此，"群体选择支持了群体内的美好和群体间的不洁"。

俄罗斯裔社会学家彼蒂里姆·索罗金在哈佛大学一直研究爱这个主题。在一项研究中，他收集了1000个关于"美国好邻居"的案例描述，并根据这些人的善良和慷慨程度进行了分析。无论他们的帮助有多真诚或真实，这些人友善慷慨的内群体特征给他留下了深刻的印象。他认为，如何让内群体的利他主义走向普遍的利他主义，这是一个全球性问题。

这把我们引向了第二种理论，即普遍的利他主义理论。根据这一理论，人类有一种基本的能力去感受和表达对每个人的爱。半个世纪以前，弗洛姆就以"兄弟之爱"这个词来谈论普遍的爱，它指的是对你遇到的每个人表现出责任、关怀、尊重和了解，以及希望这个人的生活前景更加美好。

弗洛姆认为这种爱是所有类型的爱的核心。他说，兄弟之爱是对全人类的爱，它的特点是没有排他性。最重要的是，如果你培养了兄弟之爱的能力，你便培养了所有其他类型爱的能力。

在最近的一篇文章中，斯蒂芬·波斯特把这种利他之爱定义为"对他人一种有意的肯定，以生物学上的情感能力为基础，这种情感能力通过世界观（包括原则、象征和神话）和模仿被提升到一致性和忠诚的范畴"。根据波斯特的说法，利他之爱与关怀、怜悯、同情、施惠和陪伴等概念密切相关，与正义也有很大关系。

有时，利他之爱可能预示着自我牺牲和承担风险。然而在本质上，利他之爱不是牺牲，而是对他人慷慨解囊。它是对他人存在的情感性和肯定性的参与。利他之爱给接受者带来了欢乐和自在感。那些接受利他之爱、同情和关怀的人，会感觉焦虑和孤独得到了缓解。慷慨的爱与其对立面（残忍和羞辱）一样，似乎对所有人都有深刻而持久的影响。

虽然利他之爱是相当罕见的现象，但重要的是它确实存在。总有人会超越狭隘的自恋和排他性的爱，总有人会追求利他之爱的理想。有时，我们会遇到那些对同胞充满友爱的人，那些振奋人心、积极、温暖、仁慈、友善和慷慨的人；这些人可以说是慈悲为怀。此外，我们也会遇到那些看起来不够友善的人，那些居高临下、具有破坏性、恶毒、吝啬和自私的人；我们称之为没有爱心的人。

在一项从存在主义角度探讨爱的经验性研究中，普拉西诺斯和蒂特勒确定了六种不同形态的爱：（1）浪漫之爱（激情型），（2）游戏之爱（游戏型），（3）友谊之爱（友谊型），（4）占有之爱（占有型），（5）奉献之爱（无私型），（6）现实之爱（理智型）。虽然这项研究的目的是确定一个人所倾向的爱的类型，但研究者还要求参与者完成一份关于死亡恐惧和生命意义的调查问卷，包括许多与自尊和自我力量有关的心理学问题。一个重要的发现是，奉献之爱和占有之爱处于相反的两极，那些倾向于奉献之爱的参与者，在所谓的生命关怀、精神性、自尊和自我力量等参数上得分更高；而那些倾向于占有之爱的参与者则在这些参数上得分最低。根据对所有爱的类型的研究结果，普拉西诺斯和蒂特勒得出结论：

爱的类型源于并且反映了个人更大的存在矩阵。因此，一个人如何处理亲密关系，与他生活环境的其他主要方面不无关系。一个人如何去爱，是他如何面对生活以及存在现实的更大画面的一部分。

让我在结束利他之爱这一节时指明两个重要的倾向。第一种是乐观主义的倾向：几个世纪以来，世界上似乎有越来越多的利他之爱的例子，尤其是在普通人当中。

第二种倾向是这样的：关于利他主义还是利己主义是人类更基本的属性，人们意见并不一致。他们似乎都坚信自己的基本假设是放之四海而皆准的。在这一点上，他们似乎有着截然不同的世界观。在来访者甚至在治疗师中间，你也会遇到这种差异。

表 3-1　爱的五种类型

性爱：一种强烈的、以性为基础的对另一个人的吸引和迷恋，通常是对异性。

亲情：一种长久的依恋、归属和关怀之情，经常出现在生活伴侣、父母与孩子以及其他家庭关系中。

友爱：一种在长久的友谊中产生的兴趣、归属和关怀之情。

> **博爱：**一种指向所有人的仁慈、关怀和怜悯之情，这种爱也可以指向地球上所有的生物和生态状况（也称作兄弟之爱或利他之爱。）
>
> **物爱：**一个人对特定的动物、物品或活动的持久依恋或喜爱之情。此外，对某种意识形态的爱，对国家的爱也属于此类。

孤独在人类生活中的角色

现代人经常感到孤独，无论是在社交上、身体上，还是在精神上，有时还会沉浸在充满痛苦的寂寞当中。这种孤独感在西方社会特别盛行，它是社会现代化进程的结果之一。我们有三个关于独处的概念，每个概念都指向一种特定的状态或经验。

分离（isolation）意味着一个人在社会层面是孤单的，可能会有这样的感觉：比如在旅行时、在工作中或在家里感到孤单。分离可以是强加于你的，也可以是你自愿的；因此，它可以伴随着不同的情绪状态。分离本身无所谓好或坏，它取决于个体想要什么。

寂寞（loneliness）是这样一种感受：当你非常想要和别人

在一起时，却只能依靠自己，独自承受命运。寂寞通常是消极的、痛苦的，是违背自己意愿的，与被抛弃、被辜负或被排斥的经历有关。

孤独（aloneness）意味着你对自己在这个世界上孤身一人的基本认识。在生病或死亡的情况下，在异国他乡的旅途中，孤独的意识可能就会涌上心头。孤独既可能令人恐惧，也可能令人兴奋，这取决于个人的性格特征和环境因素。

因此，分离、寂寞和孤独这三个概念，分别涉及了社会事实、情绪状态和存在性认识。

厄内斯托·斯皮内利说，我们对世界的经验总是独一无二的。即使两个人观察同样的事物，他们的体验也会不相同；因为每个人都在自己的语言、社会文化和个人的世界中吸收这些经验，而这样的世界是由个人的生活史所塑造的。个人的经验不仅是独一无二的，而且永远无法与他人完全分享。他继续说道，"所以你永远不可能像我一样体验任何'事物'，我也永远不能像你或其他人一样体验任何'事物'。为了做到这一点，我们必须完全了解对方过去和现在所有的个人经验。但充其量，我只能尝试向你提供一些我对'事物'的体验，就像你可能会做的那样；但我们的尝试永远不是完全或彻底的，尽管它们可能越来越充分"。我们每个人在自己对世界的体验中都是孤独的。

当我们面对死亡时，很明显是孤身一人。欧文·亚隆说，没有人能够替别人去死。当然，在战争或事故中，有人为我而死是可能的。但是，这并不意味着我的死亡被别人带走了。没有人能够消除我身上的死亡。

我们孤零零地来到世间，然后孤独地离开人世。而且，在很多关键的时刻，我们往往都是孤独的，正如下面的例子所示：

>一位幼儿园女教师患上了癌症。她说："我很快就明白，这是我的困境，一个人的困境。没有经历过的人不会知道那是什么滋味。我遇到过许多好心人，他们说：'如果你需要聊天或其他什么，就过来找我们。'还说：'我们非常愿意帮助你。'但情况怎么样呢？当我和人们通电话时，他们问：'你怎么样？'我回答：'我很好。'然后，我们再天南地北地聊着。但就在这个时候，我感到无比寂寞。"

这位受访者说，她感受到了友善，但她也发现周围的人很难分享她的焦虑和痛苦。一般来说，人们似乎只有在相似的情况下才能相互理解。就像上面的例子一样，一个人深刻地感到孤独，也即体验到自己的生命是独一无二的，与其他人的存在不同。我不只是一个样本或一个品种。我就是我，没有任何人像我一样。这种"向来我属"（mineness）、完全做自己的体验，可能会导致强烈的孤独，但也会让人觉得自己是独一无二、无可替代的，或许还会因此产生特殊的使命感和责任感。

为何孤独如此难以面对

许多人会回避这样的想法：我在这个世界上是孤独的；我孤独地来到世间；我将孤独地死去；当我埋葬了我的爱人，我将孤独终老；在一些重要的方面，我和所有其他人都不一样。为什么承认这些想法如此困难呢？

一个原因可能是害怕在社会上过于显眼。许多人认为，他们应该和其他人一样。我们当中的许多人相信，如果你和其他人太不一样，你就有可能受到谴责和驱逐。这种机制在年轻人中间尤其强烈。他们最关心的往往就是归属于某个团体。请看下面这个例子：

> 一个小伙子与一群年轻人在法国度假。他非常期待从日常生活中抽身而出，因为他想尝试创作一些音乐。他还带来了自己的吉他和乐谱。他抱着巨大的期望。
>
> 结果证明，这个计划落空了。为了安静地创作和思考，他不得不离开其他人。但他一这样做，就充满了焦虑；他不得不在厨房和公共休息室接近其他人，看他们在做什么，听他们在说什么。最后，他两手空空地回到家中。

在下面的例子中，可以看到类似的群体吸引力，以及对自己的回避。

一位中年男子最近离婚了。他无法忍受"待在家里"，因为他很容易被孤独感和抛弃感所淹没。他不得不"走出去"，让自己投入忙碌的社交活动，比如逛酒吧或拜访朋友。

在精神分析理论中，这种情况有时被当作分离焦虑的例子，而分离焦虑被认为起源于孩子与母亲的分离。许多精神分析师把分离焦虑视为最基本的焦虑形式。存在主义心理学家承认分离焦虑，但认为它来自更基本的存在焦虑，后者与基本的生存和生活有关。

想到自己孤身一人，可能会让你很难受。但如果你准备好面对现实，这种认识本身可能是一个转折点，正如下面的例子所示：

一位46岁的自由职业者提到，他在离婚后感到非常孤独。他住在一个空荡荡的屋子里，只有一张桌子、一把椅子和一张床："突然间，我坐在这个屋子里，感觉这里像坟墓一样寂静，所有的东西都被搬走了……这就是让人震惊的地方。你在那里，独自一人面对一切。但我不得不说：它也使我变得坚强。因为我有足够的力量支撑自己。尽管事实上，它让我很难受，而且它仍然影响着我，但因为我已经变得更强大，我获得了更多的力量，我可以说：'事情本来就是如此！'"

另一个原因是，对孤独的恐惧可能有社会和文化的根源。埃里克·弗洛姆指出，几个世纪以来，人类的个体化（即个体之间的差异程度）逐渐增加。今天，我们都变得更加个体化，因此也感到更加孤独。弗洛姆说，在当代社会中，个人可以诉诸三种逃避机制来缓解自己对孤独的恐惧。

第一种是让自己投入权威式关系或共生关系，与自己之外的某人或某物融合，无论对方是另一个人还是组织。换句话说，个体被推入了某人或某物的怀抱，因此，两个实体相互融合并变得相互依赖。

弗洛姆所说的第二种逃避机制是破坏性。破坏性与共生关系有共同点，但它对某人或某事具有实际的破坏效果。如果我在面对外部世界时感到无力和孤独，我可能就会摧毁它。弗洛姆说："破坏性是未实现的生命的结果。"

第三种逃避机制是弗洛姆所谓的机械趋同。个体不再是自己，而是采用流行的文化模式所规定的人格。个体变得像其他人一样。这样一来，自我和世界之间的裂缝消失了，对孤独的恐惧也随之消失。但你付出的代价是巨大的：你失去了自己。弗洛姆解释说，不仅一个人的思想，而且他的情感和意志力，都可以被周围的环境所塑造，而不是发自他的内心。

人类能否学会独处

一个人怎样才能培养自己的独处能力，从而不必躲藏在共生关系或群体之中？这个目标只有通过接受生活的挑战才能实现。请看下面这个例子：

> 一个女人被诊断患有致命的疾病，她这样描述自己的经历："这可能是我人生中第一次感到自己如此孤独。如何描述它呢？其中夹杂着许多愤怒和焦虑，还有大量的无助……我要是有一个为我感到难过的丈夫，有一个愿意为我付出一切的丈夫，我的情况也不至于此。但你知道，我只有接受这一切，而且我只能顾影自怜。这样一来，我就毫无退路可言，只有我一个人，只有尽力做到最好。"

似乎失去退路本身就能激发出个体的力量。但是，我们真的需要把自己逼到绝境吗？一个人毫无疑问可以培养出独处的能力。一个例子便是人们能够在独处时感觉轻松自在。但许多人需要学习如何独处，人们并不是生来就有这种能力。那些刚刚离家的年轻人经常跑到街上游荡，或者进入一段关系，而不是在自己的房间里专注于当下，享受独自一人的时光。而且，许多早早结婚的人从未学会如何独处，也不喜欢独自待在家中。许多人发现自己很难一个人出国旅行、待在陌生的酒店或在森林里漫步。但是，这些都是可以学习的。正如弗洛姆指出，学习独处意味着"自我力量的成长"。

表 3-2　与孤独有关的几个概念

分离：一种无法获得他人陪伴、被他人排斥的社会现实。

寂寞：一种想念他人陪伴、被他人抛弃的悲伤情绪。

孤独：对我在这个世界上孤身一人这一事实的存在性认识。

个体化：过去几个世纪的社会和历史发展，导致在当代的文化中，个体之间实际上比以往任何时候都更加疏远。

自性化：根据荣格心理学的观点，通过个体的发展，一个人获得成熟而独特的性格。

个人发展与社会关系能并行不悖吗

今天，个人的最佳发展经常与他们所处的社会环境相冲突。有些人要离开他们的伴侣，说他们必须离开才能发挥自己的潜能。在职场、协会或社区都有很多这样的人，他们不确定自己是要留下来，还是跟随内心的冲动去别处。

在下面的篇幅中，我们将探讨这种个人与社会关系之间的不协调。首先，我们来看一下什么是个人发展；然后，我们将研究社会纽带的性质；最后，我们再看看两者可以如何整合。

什么是个人发展

当一个人有着强烈的愿望想要挣脱束缚，意识到一种内在的成长力量并重新发现自己时，其中最关键的因素是什么？让我们看看下面两个例子：

> 一位22岁的女学生，独自生活在一个大城市，她感觉自己的生活处境非常艰难。在学业、挣钱、独居、社交、与男友交往等方面，她都做得很好，但她似乎无法挣脱母亲的束缚。无论这一天做什么，读什么书，穿什么衣服，看什么电影，和谁在一起，她总是忍不住去想：我母亲会有什么意见？似乎她所做的一切都只有两种可能：要么像她母亲说的那样做，要么就是完全相反。她母亲对女儿及其内心的想法和感受有着浓厚的兴趣，把女儿当成了自己的闺蜜。她们大约每周见一次面，每隔一天就通一次电话。这个年轻的女孩饱受失眠之苦，日益消瘦，并日夜思索如何摆脱母亲的束缚。
>
> 一位45岁的女性，有一段美满的婚姻和两个快要成年的孩子，多年来一直在社区担任一个小部门的主管。她对自己的管理职务和其他工作任务感到不安。但她的员工非常喜欢她，认为她是一个非常有爱心和体贴的领导，无

论是对他们的社会福利、职业困惑还是个人发展都很关心。而且,这个部门在当地社区受到高度评价,因为员工都非常出色地完成了工作任务。但突然间,这位女性觉得自己受够了。她告诉自己的员工,她想学点新东西。她报名参加了一个要求严格的研究生课程,要求自己学习新的能力。她告诉员工,他们很快就要靠自己了,因为她打算到其他地方寻求新的挑战。她的语言以及与人沟通的方式发生了变化。以前,每次喝茶或午餐休息时,她都会先询问别人的健康和经历。现在,她开始讲述自己的经历或者一些新想法。她的员工们都感到很惊讶。

在她们身上到底发生了什么?似乎有一种非常强大的力量由内而生。但这些力量的本质是什么呢?它们在人的生命历程中扮演着什么角色?如果这些力量得到释放会发生什么?如果它们被压抑了又会怎样?

存在主义取向的人本主义心理学家夏洛特·布勒研究了这些力量,并将它们称为人的自我决定。根据布勒的观点,人类的生活是有意向性的;也就是说,他们是由意图和目标决定的。布勒认为,我们的生活目标——每个人活着的目的——非常重要,因此,她根据这些目标把生命历程划分为若干阶段。虽然也有其他关于生命阶段的理论,例如埃里克森的生命周期八阶段理论,但布勒这一理论的不同之处在于,它源于现象学方法,而非来自理论推导。因此,它具有特殊的存在主义意味。

布勒根据大致的年龄界限，把人生划分为五个阶段：（1）个人确定生活目标之前的阶段，但在此期间，个人会发展意志、身份和选择能力（0~15岁）；（2）关于生活目标的尝试性决定和选择的时期（15~25岁）；（3）个人关于生活目标的决定变得具体和明确（25~45/50岁）；（4）个人对他们到目前为止的生活进行评估（45/50~60/65岁）；（5）结束阶段，在此期间，个人体验他们的生活是成功还是失败，或是顺其自然的混合状态（60/65岁以上）。

第三和第五阶段都是比较稳定的阶段，而第二和第四阶段是过渡阶段，会出现新的自我决定和自我创造的形式。这与上面两个例子是一致的，它们可以被当作两个过渡的阶段。

在第五个阶段，个人会意识到他们的生活是成功还是失败。最常见的结局是某种顺其自然的结束状态。完全地绝望或充分地实现目标，都是不太常见的，但这样的状态确实存在。那些以前几乎不关注生活意义的人，在这个阶段也逐渐开始转变，就像下面这个例子所示：

> 62岁的洛厄尔一开始非常贫穷，现在过上了相当舒适的生活，但同时他发现自己无事可做了。在实现目标之后，他感到空虚。因为之前工作太卖力了，他失去了享受生活的能力。他从未考虑过自己的整个人生，也没有思考过生命的意义。由于不知道该怎么办，他现在对生活充满厌恶和憎恨。

布勒发现，一般来说，一个人会经历完整的五个阶段。然而，有些人可能在某个阶段停留得特别长，而在其他阶段逗留得又特别短。有些人在年老时进入后期阶段，有些人则英年早逝。如果发生意外，一个人当然会早早离世，但有人却可以经历完整的阶段而早逝。他们仿佛有一种直觉，自己的生命将是短暂的，因此，所有的阶段都只能在更短的时间内度过。夏洛特·布勒认为作曲家门德尔松就是一个典型的例子，他在短暂的一生中度过了所有的阶段。

以夏洛特·布勒的理论为出发点，约兰德·雅各比建立并阐述了她的个人发展理论，她和荣格称之为自性化。雅各比曾接受荣格的训练，并在她的书中讨论了荣格的学说。她对布勒的理论补充了一个观点，即人生发展不仅有生物性阶段，也有精神性阶段，而且这两个层面并不总是彼此相随。

正如雅各比阐述的，荣格的自性化理论与存在主义对个人发展的理解非常贴近；事实上，自性化理论是为数不多的关于人生后期发展的理论之一。但荣格也是以思辨为主的，他的主张建立在某些理论假设之上。因此，现象学家不得不扬弃荣格的一些观点，但仍保留了有吸引力的核心观点。

荣格认为，通过自性化，自我在整个生命历程中逐步实现。在自性化过程中，个体发展出他们独一无二的特征，既具有人类普遍性又具有个体性。每个人都根据其内在的可能性来定义自己的人生目标，规划自己的人生道路。因此，对那些不能或不愿遵守传统规范和理想的人来说，自性化可以使他们的生活变得更有意义。对于那些被拒绝或被鄙视的人，自性化可以使他们重燃对自己的信心，重获人性的尊严，在这个世界上为自己找到一席之地。荣格甚至认为，那些自性化的人为更开化和更文明的文化形态铺平了道路。

荣格认为自性化是一个持续不断的过程，在这个过程中，个体的人格得到补全，变得更加完整，找到了它自己，同时也实现了自身的潜能。想要从人群中脱颖而出，变得与众不同，深化自己的人格，发现并成为自己，这些都需要极大的勇气。因此，自性化是一个孤独的旅程。

自性化也是一场斗争，在这场斗争中，来自心灵潜意识层面的新声音呼之欲出，为自己的权力而战，而意识、理性和道德则被迫退居二线。两者之间的关系可能令人相当痛苦，但根据荣格的观点，个体必须一直等待，按兵不动，直到双方再次找到彼此。他说："等待，坚持，直到一个可以接受的解决方案突然出现，似乎这个方案是对双方都公平的第三种可能性。"这样一来，个体就能确保心灵的统一与和谐。

荣格将自性化过程区分为两个主要阶段，分别对应于我们的前半生和后半生。一个人的前半生通常致力于自然目标，如养家糊口、开创事业和建立物质保障。而后半生的目标往往与文化更为相关，个体瞥见了死亡的可能性，但也会获得精神上的成长。生命的两个部分被一个过渡期（中年危机）分隔开来，荣格认为，这个过渡期是自性化过程中一个重要的转折点。无论一个人的前半生是外向还是内向，到了后半生，那些被忽视的部分，那些一直沉睡的部分，此刻希望被人注意到。

这个转折点的精确年龄因人而异。荣格说，如果生命转变的需要没有得到尊重，个体就会受到神经症或精神病的困扰，这不是由童年问题引起的，而是因为个体此刻无法调适自己。

自性化过程不仅是心理潜能的逐渐展现，它也是一个终生的旅程——经历生存与斗争，走向老年期潜在的智慧和内在平和。这个过程"在本质上不能被掌控，因为它是所有生物身上神秘转化的一部分。它包含了一个生命的秘密，即在不断重复的'死亡'中不断重生"。

那么，在人类的日常生活中，荣格和雅各比所描述的过程有多常见呢？一些新荣格学派的学者对荣格关于成人人格发展的观点持批评态度。他们说，为什么从前半生进入后半生必然会出现问题？有什么理由把人生中的这个转折点医学化并作为危机来谈论？尽管许多人在后半生可能变得更加内向和沉思，但为什么这个过渡阶段不能是平稳和渐进的呢？

根据存在主义和现象学的角度，我们可以这样来看待荣格：他提醒我们，在整个生命中，我们可能会经历重要的个人发展，展现出迄今为止一直沉睡的新技能，这是正确的。这可以是一个自然的过程，也可以通过治疗或其他活动来激发。荣格指出，有时候，某些重要的生命品质可能在后半生出现，相应的力量会涌现出来，势不可当，这也是正确的。德国小说家赫尔曼·黑塞对这种力量赋予了激情而诗意的表达："鸟儿从蛋中挣扎着出来。"荣格说，如果你压制这些力量，将会莫名患上某些疾病，他大概也是正确的。

然而，我们并不同意他的断言，即人生必然被分为两个截然不同的部分，被一场中年危机隔开。我们也不同意，他断言人生的后半部分必然比前半部分更具精神性。事实上，根据严格的现象学视角，我们无法对生命强加单一的模式、公式或固定的阶段。人生何其多面、何其复杂，个体的存在又何其独特。对生命多样性的尊重，是现象学和存在主义方法的核心。

生命的发展可能是一波三折，也可能是顺水行舟。有些人的成长和变化可能日新月异；有些人从出生到死亡似乎都没怎么变过。在存在主义者看来，我们不能认为一种情况比另一种情况更好。所谓的真理应该是：所有的人都包含了已实现和未实现的生命潜能。未实现的可能是还没有被认识到。有时，未实现的生命潜能会喷涌而出；而有时，它们只是平静地抵达。

生命总是在变化和发展之中，没有哪两天是完全一样的。星期一和星期二，你绝不可能过得一模一样。我们每一个人都从属于生成（becoming）的过程，只是可能有人重视这个事实，有人视而不见。

什么是社会纽带

当人们不止一次地相遇，就会形成一种社会纽带。在双方意识到这一点之前，他们已经开始交流，建立社会纽带，并遵守某种规则。请看下面的例子和阐释：

有一家人刚刚搬到坎布里奇市。在街道上，丈夫遇到了他们的一个新邻居。他们开始聊天，谈论天气和社区的汽车失窃问题。几天后，他们碰巧又遇见了。这一次，他们聊了天气，聊了各自汽车的性能，以及当晚的足球比赛。

当两个人第二次遇见时，社会纽带就已经存在了。张三会和李四打招呼；如果他不打招呼，李四就觉得被冒犯了。如果李四只是路过，他就必须表示自己今天很忙。他们已经建立了一种规则——交谈什么、交谈多久和交谈多深，包括表现哪种情感，隐藏哪种情感。这些规则在未来还会得到扩充和发展。

从现在起，张三和李四的关系再也不会结束。张三再也不可能不认识李四。张三和李四的关系一直存在于他们的余生中。无论他们何时遇见，他们都知道自己认识或曾经认识对方（尽管他们可以选择假装不认识）。在他们的余生中，张三和李四都将保留这种关系。

你可能会说，这种关系，这种纽带，是在两个人第二次遇见并认出对方时形成的。实际上，它从那时起已经存在了。当然，你可以和另一个人短暂见一次面，然后第二次假装不认识对方。（这种"机制"可能解释了为什么一夜情在某些圈子里受到欢迎。事后，他们可以表现得好像不认识对方一样。有些人想要性，但他们并不想了解对方，也不想长期相处。）

现象学社会学家彼得·L.伯杰和托马斯·卢克曼描述了社会关系或纽带的形成。两个人相遇和互动的事实本身就标志着规则化的开始。张三和李四很快会看到他们之间重复出现的模式和习惯。张三开始期望李四做这个或那个；因此，李四的角色就此形成，并且李四建立了他们的规则。同样，李四对张三的行为也会有所期待，从而张三确立了他们的角色和规则。

根据伯杰和卢克曼的观点，这样形成角色和规则的好处是：一个人可以预见对方的行为，从而节省时间和资源。然而，角色和规则往往对个人有固定和约束的作用。家庭、三五朋友、邻里、工作场所和协会构成了某个团体，而团体反过来又形成了社会纽带。人们做什么或不做什么，说什么或不说什么，甚至他们想什么或不想什么，往往都被限制在角色模式、规范和习惯中。尽管通常来说，所有的社会关系都在变化之中，但这个团体或关系持续的时间越长，固定的东西就越多。正是这些社会规则和角色的强迫性质，使得一些人想要挣脱束缚。这个团体或关系压制了个人想要发展的新力量和新技能。

个人和社会能够统一吗

无论在婚姻还是在职场中，都存在一个永久性的挑战：我如何能够做我自己，同时又能与别人融洽相处？一些爱情关系在两极之间摇摆不定：一方面是两人亲密无间却令人窒息，另一方面是相互独立但丧失亲密。一般来说，当陪伴和独处在两个人的生活中被赋予同等的重要性时，爱情关系似乎处于最佳状态。请看下面的例子：

>一个自由职业的中年男子，在独自一个人时"感觉很好"。"我打扫屋子，在小工作室里忙活，或者骑自行车去兜风。我一点也不介意一个人待着。大部分时间我都是自己度过。我妻子在外面工作，当她回到家时，我会煮好咖啡，我们坐在一起聊天。"

一份社会关系是否能够做到既长期存在又真正有活力？答案就在于它是否属于本真的互动。

约翰·麦奎利说，日常生活中的互动往往是非本真的。参与者并没有完全投身其中，这种互动并非来自完整的自我。克尔凯郭尔、尼采、海德格尔和雅斯贝尔斯都以不同方式谈道，个体会追随或顺从匿名大众、团体或"常人"，但个体在这种关系中并不是真正的自己。他人占据了主导地位，个体的选择、责任和性格则退居其后。

非本真的互动压制了我们存在的真实核心。它使我们变得机械，失去个性。它让我们千人一面，并回避一切偏离常规的事物。

另一方面，本真的互动则会让人完整、自由和负责地呈现自己。只有打破扭曲的、非本真的互动形式，人们才有可能真诚地相处。这一点对被压制的群体和个体都适用。麦奎利说，人们必须打破压抑的关系，享受独立和尊严的感觉，然后才能建立肯定和真诚的关系。

如果一个人希望既归属于长久而稳固的家庭、团体和社群，又能保持自己的活力、生活感受和发展潜能，那么与他人的互动必须是本真的。如果这种互动是非本真的，将会导致个体和社会环境之间的冲突。如果一个人希望与同一个伴侣、同一帮同事和同一群朋友长期友好相处，那么他必须在关系中展现自己的所有方面。只有这样，一个人的自我、关系以及他人才都能处于蓬勃发展的状态。

爱是一种文化和社会现象

像所有其他人文现象一样，在不同的文化和时代里，爱具有不同的形态和表现形式。爱作为当代的文化现象，有两个问题是特别重要的。

第一个问题是，在近现代的西方社会中，爱有什么特别之处吗？我们可以简单回答如下：如今，爱与这样的个体联系在一起，他们生活在瞬息万变的、消费主义的、物质主义的、以自我为中心并在一定程度上无宗教信仰的文化中。我们对爱情的认识源于浪漫主义时期，那时人们认为爱主要是个人对彼此的感情。如果我们回溯到中世纪，会发现人们对爱情的看法完全不同。同样，在过去的几个世纪里，母爱的概念也经历了重大变化。

第二个问题是，在这个时代，特别缺乏爱吗？如果是这样，我们如何解释这个问题，又该如何补救它呢？我们可以通过弗洛姆的研究来探讨这个问题。

50多年前，弗洛姆就提出了一个深刻的论点，大意是说，在社会中，大量个体化、竞争性和消费主义的结构都是爱的敌人。如果你看到典型的现代西方人在城市街头狂奔，听到他们在车上、办公室或家中相互咆哮，你立刻就会想到：这个社会缺乏爱和温情。在这里，人们普遍表现出利己主义、贪婪和冷漠。

然而，要确定这种印象是否正确，是否可以理直气壮地声称现代西方社会缺乏爱，还需要进行一些深入的比较人类学调查。在发达国家和发展中国家，权力、阶级结构和爱之间的关系都是极其复杂的。但不管怎样，很少有人反对这样的观点：如果社会有更多的宽容和爱，这个世界将会变得更加美好。因此，当务之急似乎是找到一种方法，在社会中培养出更多的温情。

如何解决爱和孤独的问题

从上面的分析来看，很明显在个人和社会生活中，"爱"是一种非常令人向往的状态。那么，作为心理学家和治疗师，我们能做些什么来帮助来访者和学生过上充满爱的生活呢？

首先，我们应该继续在教科书、期刊以及同行交流中讨论爱的主题。正如我们所见，在心理学以及社会学、哲学、教育学等相关领域中呈现出一种趋势：爱这个主题遭到冷落，而被更机械化的术语如"人际吸引"或"性满足"替代。幸运的是，仍有一些研究成人发展的心理学家宣称，爱的发展是一个关键的主题。比如，埃里克森认为爱是成人生活中一项重要的挑战，作为一种人格品质，它紧邻的是创造力的发展，然后是完整性的发展①。在埃里克森的描述中，创造力和完整性都包含了爱的维度。同样，荣格十分重视自性化的过程，在这个过程中，人格中未实现的生命潜能崭露头角，并导致更具精神性和利他主义的生活方式，这是一个人后半生的特征。夏洛特·布勒也描述了人类如何反思他们生命中爱的多寡，以及如何在成熟的年龄重新回到这个主题，并询问自己：就爱这个主题而言，他们是否过着美好的生活，他们的生活方式是否正确。

其次，虽然爱是大多数人内心深处想要的，但当人们处在日常生活的挣扎、压力、消费主义和娱乐中，很容易忘记爱。因此，亚隆的一个基本观点是，如果你作为治疗师（这也适用于教师），能够引导来访者注意到每个人从属的基本存在困境，那么生活中更基本的价值（比如爱）可能就会凸显出来。

最后，治疗师或教师如何在他们的行为中展现自己的世界观，这是非常重要的。来访者或学生能否真正感受到治疗师或老师把他们的福祉放在心上？来访者或学生是感受到治疗师或

---

① 在埃里克森的生命周期八阶段理论中，爱、创造力和完整性分别对应第六、第七和第八阶段。——译者注

教师为他们的健康和发展费尽心血，还是感受到治疗师或教师的个人主义、以自我为中心和自命不凡？

亚隆谈道，治疗师对来访者的爱应该是博爱。但在这里，我们遇到了治疗师或教师的某种限制，因为你当然不能成为或展现你所不是的样子。为了不使你周围的人感到迷惑，你所能做的最好的事情，就是展示真实的自己。不过，即使治疗师或教师在自身发展的某个时期表现出以自我为中心和思想狭隘，这也绝不等于说他们在余生中都会持续这种模式。其他模式也有发展的可能性。治疗师或教师——通过他们自己的个人存在——总是显示出他们在多大程度上努力表达对于人类同胞的爱。治疗师或教师的典范作用具有无与伦比的价值。

第 4 章
成功与逆境

人生是成功和逆境的混合。我们都经历过这两种情况，都必须在两者之间找到个人的平衡。当外界因素介入生活时，这个平衡就会受到严重的挑战。

当我们经历来自周围环境的冲击，比如袭击、车祸、突发疾病、离婚、失去亲人或失业，会发生什么呢？当我们被抛入这样的危机情境时，会如何面对？为什么有些人能将这些情况转化为个人成长的媒介，而有些人则会崩溃、陷入困境并停滞不前？

什么是危机，什么是创伤

我们知道，心理危机是指一个人心灵遭受的冲击。当一个人发生心理危机时，他会失去方向，不知所措，并受到极大的震撼。

危机这个词，也可以用来形容身体上的痛苦，以及经济、社会和政治上的动荡。这个词意味着一种危险的情况，同时也暗指一个转折点或涉及选择的十字路口。一个陷入危机的社会或组织，正处于崩溃的边缘，但也可能朝着截然不同的方向发展，这取决于危机被如何处理。一个人在经历危机时也是如此。危机可以与两种情况进行比较：你可能正被某个问题困扰，这没有危机那么严重；你也可能正在经历一场崩溃，它比危机更加剧烈。

危机和创伤是两码事。创伤是指外界对心灵造成的伤害，而危机是指心灵本身受到的冲击。如果一个人受到创伤，他通常会经历一场危机。但是，创伤并不必然带来危机，危机也可以在没有创伤的情况下由内而生，例如，一个人可能出现道德危机。

存在主义理论家认为危机将开启一种可能性。无论一个人受到多么严重的影响，这种情况总是包含着痛苦和可能性。然而，通往可能性的道路要经历痛苦，抵达积极的状态要穿越消极的一面。

有关危机和治疗的其他学派

除了存在主义取向之外，关于什么是危机以及如何应对危机，目前还有三个主要的学派：宣泄取向、心理动力学取向、创伤后应激障碍取向（经常与认知行为疗法相结合）。每一种观点都有其特定的优势，但也有自身的局限性。

宣泄取向的哀伤治疗（catharsis-oriented bereavement therapy）基于这样一种信念，即悲伤和危机是个人生活中非常严重的事件，因此需要特别的努力让当事人表达悲伤。如果不这样做，个体就有可能在他们的成长中停滞不前。遭受危机的人必须意识到他们的丧失，并宣泄随之而来的悲伤情绪。哭泣被认为是治愈过程中的核心因素。这一观点认为悲伤的解决离不开哭泣，哭泣可以治愈一个人。

这一取向还强调治疗师的面质[①]和积极干预。根据这个观点，人们在经历丧失后需要及时的危机干预。这种干预的一般形式是：让悲伤的人直面他们的伤痛，以便释放相关的情感，并对悲伤者的整体生活做出安排。

然而，根据存在主义和现象学取向的观点，除非通过冷静地探询，来访者打开了他们的心扉，并让治疗师进入他们的内心，否则治疗师不会知道他们需要什么。因此，要求对方立即面对他们的丧失并修复他们的情感，这近乎一种虐待。这样的面质可能会破坏对方本该建立的东西：他们的自主性。

心理动力学取向的危机治疗（psychodynamically oriented crisis therapy）以精神分析理论为基础，强调研究严重的危机反应与个体童年经历之间的互动。这一取向的基本观点是，如果在成年时遭遇暴力虐待、交通事故或突然失去亲人，那么我们对危机的反应，往往离不开自己在童年时所经历的伤痛。从这个角度来看，一个人对创伤的反应几乎总是涉及以前的历史，其中包含了许多持续很久的其他创伤。在弗洛伊德那个时代，他认为所谓的战争神经症是婴儿期心理冲突的重新激活。这一取向意味着，在许多情况下，对危机的处理将涉及长期的个人

[①] 面质（confrontation），指心理咨询或治疗中，咨询师或治疗师通过一定的技术帮助来访者面对自己的情绪以及身上存在的矛盾。——译者注

治疗，在此期间，当前的创伤将根据童年创伤来理解。

存在主义取向反对这样的观点，即童年经历在很大程度上决定了成人对危机的反应。存在主义心理学家充分认识到，童年经历中的侵犯、伤害、越界和丧失信任，与成年人的严重危机经验往往有着很大的关系。他们还认识到，这两种经验之间可能存在复杂的相互作用，这一点应该成为治疗过程的重点。但根据存在主义的观点，过去并不能决定现在。相反，个人对现在的体验和他们当前的自我建构决定了他们从复杂的童年记忆中选择什么：我们将在第 6 章进一步阐述这个观点。因此，在解决危机的过程中，治疗师应该针对个体的自我建构和他们所做的选择进行工作。

这两种取向对治疗的最佳疗程也有不同看法。许多心理动力学取向的治疗师倾向于长程治疗，以尽可能地完全解决来访者的童年创伤。而存在主义治疗师倾向于认为，生活中始终包含着我们每个人必须面对的各种困境。一个人越早重新踏上人生旅途，越早利用自己的资源来生活，他的状况就会越好。

创伤后应激障碍取向的危机治疗（PTSD-oriented crisis approach）认为危机是由严重的外部创伤引起的。这一取向认为，心理危机涉及了个体无法承受的压力负荷。个体应激反应的特征是，思维能力受到干扰、情感过于激烈、行为控制能力下降。

根据这一取向的观点，船舶失事、强奸、袭击、工作事故等事件，将会对大多数正常人造成创伤。这一取向认为个体的童年经历无关紧要。当然，最好完全避免这样的创伤，但如果不能避免，应该尽快找到方法来缓解它们。因此，人们非常重视处理危机的团体治疗方法，包括对受影响的人群进行及时有效的干预。这一取向的治疗通常以认知启发的危机干预为基础；也就是说，治疗会谈聚焦于受害者的思维模式和基本假设。

创伤后应激障碍的精神病学诊断经常被用作治疗指南。因为这一诊断的应用，在危机治疗时，一个人不得不暴露于极具威胁性的事件中，并忍受反复的侵入性回忆，忍受他一直回避的创伤因素，以及处于活跃水平的症状。

根据存在主义的视角，我们有理由反对将日常生活医学化和病理化的倾向。在存在主义心理学家看来，在街头遭遇威胁或抢劫、发生车祸或失去爱人，都属于人类生活正常范围内的事件。这些遭遇不是疾病。作为一个人，你必须做好迟早"吃点苦头"的准备，必须培养一种什么都能应付一下的生活方式。对专业人士来说，将恶劣事件导致的结果贴上精神疾病的标签，无异于将正常的、多样化的人类生活病理化。我并不是反对遭受创伤的人选择免费或付费治疗，也不是反对他们向心理学家或治疗师寻求帮助，这通常是一种明智的做法。我的观点是，这样的帮助不应该用"疾病"或诊断来打头阵。

另一个分歧在于，危机应该通过客观标准从外部进行诊断，还是根据主观经验从内部进行诊断？使用创伤后应激障碍的诊断明显支持前一种观点，即使它也依赖于主观标准。然而，看似相同的创伤会以完全不同的方式影响不同的人，而且更重要的是，人们处理或控制心灵冲击的能力也大不相同。两个人受到同样程度的打击，表现出类似的创伤后应激障碍症状，但他们承受创伤、接纳创伤和积极处理创伤的能力可能大相径庭。从存在主义取向来看，这里最重要的既不是创伤事件也不是症状，重要的是个体对创伤经验的内在反应，是他们接纳创伤的能力，以及反思和行动的能力。

存在主义心理学对流行的诊断系统（ICD-10 和 DSM-IV）持某种怀疑态度。尽管它们有良好的意图，但诊断一个人也是对这个人的污名化。一旦被贴上标签，专业人员往往就会降低他们对患者及其潜能的开放性和敏感性。几乎没有哪个精神病学家、心理学家或心理治疗师希望自己被人诊断。他们可能觉得，诊断很容易导致人们忽略进一步发展的可能性。

上述三种取向都有各自的优点，但也有一个共同的缺点：它们都把危机当作一种反常现象，认为危机是应该被处理和克服的。因此，它们倾向于将正常的人类生活病理化，并忽视了自然赋予人类的自愈力。下面，我们将详细阐述存在主义取向的观点。

危机的存在主义理论

危机是一种不同寻常的情境。它虽然剧烈和离奇，但它属于正常生活。每个人在一生中，都可能经历一次、几次甚至许多次这样的情境。

任何与人打交道的专业人员都必须能够识别危机。接下来，我们将描述危机的一些迹象。问题的核心是你受到了迫使你低头屈膝的严重打击。你处在崩溃的边缘，但仍有恢复和成长的潜力。你的心灵受到了冲击，从心底受到震撼。这种冲击的重要特征是：（1）你的空间和时间结构（你在何时何地做什么的常规）已经部分瓦解；（2）你体验到强烈而震荡的感觉；（3）你体验到激烈的心理活动，你的思维在兜圈子、反复考虑同一个主题，而不是投入持续的问题解决。

那么，这种状态从内部体验是怎样的，在外人看来又是什么样子的？下面有两个关于危机状态的自传性描述：一个是比较温和的（尽管也不轻松），另一个是比较严重的。两个人后来都凭借自身资源恢复了正常生活。

危机的直接面貌

当我们询问一位老妇人经历过的最糟糕的处境时，她回答道：

"在我40多岁时，我发现那个和我交往多年的男人，结识了一个比我年轻得多的女人，他同时和我们两个人约会，而我却被蒙在鼓里。"这位女士解释说，关键是她受到了欺骗。她认为自己是一个失败的女人，一个失败的人。她觉得自己受到嘲弄，一无是处，被人践踏；她不敢再相信任何人或任何事，完全不知所措。她一连好几天都喝得醉醺醺的。几个月后，她要求男朋友离开自己的生活。后来，他们以朋友的身份相见，但在最初几次见面时，她不得不服用一点儿镇静剂。

在一生中，大多数人都至少经历过一次这种强度的危机。有些人可以轻松地脱身，但这样的人为数不多。

有些人经历的危机会更加剧烈。下面是一位女性受访者的例子，她在几年前失去了自己的儿子：

这是非常奇怪的事情。突然间，我理解了你们有时看到的——报纸上的头条新闻——那些把所有家具都扔到街上的人。我尖叫着来回走动，扯自己的头发。我根本坐不住，睡不着，只是在屋里兜圈子。有时，我不穿任何衣服。为什么要穿衣服？这并不重要。我也不洗漱。为什么要洗漱？这完全毫无意义。但还有一种东西总是能拯救我：纸和铅笔！在我的客厅里，有一个厚厚的记事本，到处都是铅笔。我在屋里走来走去，每次经过记事本时，我都会写下一些东西。然后，我接着走来走去，不停地写着。

（你写了什么？）我真的不知道。因为我从来没去看它们。但我知道它们在那里。我不确定自己是否敢去看。（你当时失去理智了吗？）是的。我与生活保持联系的唯一方法，就是拿铅笔在纸上写东西。这是一种印刻下来的现实。因为发生在我身上的事情太不真实了——不，它是真实的，只是我无法接受。我的脾气变得很差。如果有人来找我，我就会大声尖叫。他们只要说错一句话，我就会大发雷霆。他们要真的很有勇气才敢来见我。他们不可能过来问我："你好吗？""我感觉糟透了！""不能好好谈谈吗？""不，真的不能。""那我们只好走了。""好的，出去！再也不要回来！"绝对不会，他们不会打算进来问我怎么样，然后站在那里看我有多疯狂，就那样看着我。当然不会！他们会受不了的。我也会受不了。他们不可能来这里。而我能做什么呢？我只能去找一些纸和笔。这就是我活下来的原因，因为没有人能忍受这种情况。

我想我大概在这里徘徊了两个星期，但我也不知道，因为一切——包括时间——都暂停了。我像只野兽一样走来走去。我不记得我有没有睡觉，但我记得有人说我需要一些东西帮助睡眠。我绝对不会吃任何能让我睡着的东西！不可能，因为我担心有些事情会被隐藏起来。而现在我正置身其中。不管它有多可怕，它确实属于我！而且它必须要释放出来。我早就知道了！这是必要的。人们可能会在我背后窃窃私语，"她完全疯了"，但我一点都不在乎。

这个女人后来逐渐稳定下来，并最终成为一位坚强、敏感和富有洞察力的女性。一方面，她忍受着痛苦，带着悲伤继续生活；另一方面，她发挥出大量的天赋、享受日常生活的能力以及不同寻常的智慧。现在，让我们更仔细地看看，当一个人受到如此严重的折磨时所发生的内在过程。

博尔诺的理论

生活和危机属于一体。这是存在主义哲学家奥托·博尔诺的主要观点。他说，机器和无机物对危机一无所知。然而，哪里有生命，哪里就有危机。

博尔诺认为，危机是对正常生活过程的破坏。这种破坏突然出现，而且无比强烈，只要危机持续存在，生活似乎就危在旦夕。危机涉及了"那些由于重要性和危险性而从日常生活中脱颖而出的事件"。危险是任何危机中的关键因素：疾病可能导致死亡，感情危机可能导致离婚，政治危机可能导致战争。但是，危机也不一定会导致灾祸。当一个人度过危机，会有一种克服危险和获得解脱的感觉，并且在更深的层次上，消除了旧有的冲突，获得了更新的、更高层次的稳定。

博尔诺重申了"危机"这个词的古老含义，它可以追溯到希腊文和梵文。在这些语言中，危机有两个核心含义：（1）危机之净化（crisis as cleansing），个体必须摆脱心灵上的损耗，得到净化；（2）危机之决定（crisis as decision），个体必须在两种可能性之间做出选择，也就是说，决定自己要走的方向和道路。博尔诺主张对危机进行严格定义。在他的理论中，这个概念没有现在这样被庸俗化或简单化。博尔诺认为，危机对当事人来说是非同寻常和至关重要的。

危机可以发生在生活的不同领域：身体健康、人生价值或智力活动。例如，你可能会心脏病发作，可能会发现现在的工作或婚姻违背了你的人生价值观，可能会被论文困扰或不知道如何翻新你的家。根据博尔诺的观点，所有这些危机往往都遵循一个类似的模式。

在疾病中，危机是一个转折点，它可能指向不同的方向。你可能会死亡；如果你度过了危机，可能会感觉自己鬼门关前走了一遭。你如释重负地松了一口气，再次自由地呼吸。博尔诺强调了疾病危机的三个特征，它们是普遍适用的：（1）危机涉及与过去的决裂。（2）危机是由影响个人发展的外部干预引起的；当它袭来时，仿佛是从另一个空间向你冲撞而来。（3）旧的生活模式被打破，与旧模式截然不同新的模式诞生了；危机过后，生活将在一个不同的层面上重新开始。

与人生价值和生活目标有关的危机，也表现出相同的结构要素。经过长时间的酝酿，一个人突然意识到他无法再像以前那样生活了。在决定性的时刻，他切断了某些联系，并创造出一个全新的局面。这里的关键因素是：（1）个体处于完全无法忍受和绝望的情境，直到他发展出挣脱束缚的意志力；（2）个体关于改变的决定需要明确地背离以前的生活轨迹（这不是一个循序渐进的步骤，必须采取全或无的形式）；（3）旧的生活模式被打破，将在一个不同的层面上建立新的模式。

在智力领域也会发生大大小小的危机。当一个人需要解决一道智力难题时，就会发生这种情况。智力危机经常出现在研究人员和艺术家身上，也会出现在撰写论文的学生或普通人身上。一开始，这个人陷入了解决问题或完成任务的困境中。这种身处困境的状态越来越令人痛苦。然后，突然出现了一道顿悟之光，给了你一种看待问题的全新方式，也就是说，你已经发生了认知重组。博尔诺说，顿悟无法逐渐获得，它总是突然来临。有些东西突然被你理解，你恍然大悟；就好像点亮了一盏灯。在创造的过程中，个体经常会陷入困惑、迷失和不满的困境，直到解决方案以顿悟的形式击中你。

综上所述：危机是指正常生命活动和持续生活的突然中断；危机是激烈而危险的，它可能会把你引向这个方向，也可能是另一个方向；危机使个人得到潜在的净化，这对他的持续发展至关重要；危机涉及与过去的决裂，是一个令人痛苦和悲伤的过程，但也会导致在新的层面上展开新的存在模式。

从存在主义的立场来看，在危机情境中，助人者最重要的品质是在场的能力（ability to be present）。陷入危机的人最需要一个有同理心且没有私务缠身的帮助者。正是这种"同甘共苦"（co-being）起到了作用。这意味着，这个助人者是开放和警觉的，专注于接收和容纳任何出现的情况。这里一个重要的先决条件是，助人者必须亲身经历并了解生活，并且能够面对自身存在的基本事实。

危机的三个维度

每一场危机都有三个维度：丧失、逆境，以及我们所谓的

"存在性开放"。陷入危机的人会丧失某些东西，会面临逆境，但也有机会让自己的生命比以前扎根更深。现在，让我们更仔细地看看这三个维度。

危机之丧失

危机涉及丧失。个体失去了他们非常怀念的东西。人们对这种丧失的反应是悲伤。通过悲伤，一个人慢慢地接受丧失之痛。在这个过程中，生活的乐趣逐渐恢复。一场严重的危机往往涉及4种丧失。对于帮助他人度过危机的专业人员来说，了解这些丧失类型非常重要，以便它们在治疗过程中都能得到处理。

物理上的丧失。比如，一个人失去了亲密的朋友，他的房子被烧毁了，或者被迫离开他的祖国。这种丧失也可能是因事故或手术而失去身体的一部分，例如一条腿、一只乳房或一只眼睛。当然，丧失并不仅限于某个特定的人或物，或者身体的某个部分，还包括与客体相连的一系列功能、关系和情感。尽管失去了某些东西，还有随之而来的深刻痛苦，但这种直接而具体的丧失仍有一个优点，那就是清晰可辨。

心理上的丧失。这种丧失没有那么明确，比如某个家庭成员出现的心理变化。如果某个家人或朋友患上了某种疾病（如阿尔茨海默病或其他精神疾病），或者这个人发展出全新的性格、价值观或行为方式（比如通过宗教皈依或类似的方式），就可能发生这种丧失。在这些情况下，虽然一个人的身体完好无损，但我们知道，这个人与他的思想或心灵已经失去联系。

一个人获得一份新工作，移民去一个新国家，产生新的政治或宗教信仰，也可能会导致各种心理上的丧失——与过去被放弃的工作、国家或意识形态有关。他所丧失的可能是某种形式的社会互动、某种情绪、某种归属感或沟通方式；这可能会导致模糊的甚至令人难受的缺失感，非常难以处理。

根据美国心理学家约翰·施奈德的观点，一个人的丧失应该从各个方面得到解决：情绪上、身体上、行为上和精神上。施奈德指出，几乎所有人都有许多导致自己停滞不前的丧失，这些丧失可以由个人处理，也可以与朋友或专业人员一起处理。施奈德的观点无疑值得铭记在心。然而，施奈德可能夸大了丧失在人格发展中的角色。说到底，生活本身就是一连串的丧失，但生活仍在继续，有时甚至还有很多欢乐。

一个人的世界观和意义的丧失。美国心理学家罗妮·亚诺夫-布尔曼特别关注这方面的问题。她致力于研究强奸、乱伦、事故、自然灾害和重大疾病所造成的创伤对个体的心理影响。这类事件的一个重要影响是，它们破坏了个体对这个世界的基本假设。根据亚诺夫-布尔曼的观点，大多数人的生活建立在这三个基本假设之上：（1）世界基本上是仁慈的（一般说来，他人对我倾向于友好或中立）；（2）世界是有意义和可预测的（行为合理的人也将得到合理对待）；（3）我是有价值的（我足够善良、正派和能干）。总的来说，大多数人的基本期望就是"我是生活在一个仁慈和有意义的世界上的好人"。

如果这样的个体突然遭遇抢劫或恐怖行动，或是在街上被袭击，或者遭遇性侵犯，他对生活和世界的基本期望就会遭到破坏。可以说，他会失去对这个世界的信心，并发现很难确定他应该思考什么或相信什么，他可以抱有什么样的基本期望，他是否可以再相信任何人。亚诺夫-布尔曼提出的一个重要观点是：遭受创伤的人的世界观往往会动摇，而建立新的世界观的道路通常布满荆棘。

最后一种丧失是存在主义思想家特别强调的：受到危机打击的个体失去了他们生活的一部分，因此也失去了自己的一部分。这些就是所谓的存在性丧失。梅达尔·博斯指出，与亲近的人关系破裂，或者失去珍爱的物品，会使一个人的心灵陷入悲伤。"失去的是与这一客体再次相聚的可能性……在某种意义上，这个人的存在实际上变得支离破碎"。

博斯继续说道："当某个客体离开我时，我与它的关系也就消失了；而这些与我生命中的人或物的关系恰恰构成了我的存在，构成了现在的我。在某种程度上，这些人或物离开我，我忘掉它们，我作为一个人的存在便被削弱了"。

因此，当你失去一个人或某件珍爱的物品时，你也失去了与其的关系。你失去了自己的一部分，与那个人或物品相连的那部分。而且，你失去了与这份关系相关的生命的完整性。

在谈到配偶或好友的离世时，奥托·博尔诺也说过类似的话。在相爱的共存中，他们为彼此创造了空间，并建立了一个公共空间。如果另一个人去世了，这个公共空间就被破坏了。丧亲者不会再像以前那样栖居在这个世界上。因此，爱人的死亡也是一个人自身存在的丧失。丧亲者的存在状态遭到了削弱。爱人的死亡也意味着他自己的部分死亡。

然而，对于不那么重要的丧失，情况则有所不同。在次要丧失的情况下，个体可能需要费力地重新开始，或者生活中的机会明显减少。但是，博尔诺说，个人内在的一些东西仍然存在，它们不会受到这些丧失的影响。另一方面，一旦你面对了这样的丧失，解决问题的火花就会闪现。

因此，博尔诺区分了首要丧失和次要丧失，前者影响我们的存在核心，后者则使保留下来的东西更加显眼。然而，博斯似乎认为，所有的丧失都相当于存在的收缩；人类丧失的每件东西都会导致收缩。这可以理解为，人在一生中都在不断地收缩。但是，博斯的这一说法应该与他关于人类存在的基本观点联系起来，即人类是开放的、接纳的，在他的意识领域会不断出现新的现象。博斯认为，人类能够适应这些反复不断的丧失，并且还会成长并保持活力，正是因为他们对世界的基本开放性。

因此，就丧失与存在之间的关系而言，这两种理论产生了一些分歧。根据博尔诺的观点，次要的丧失没有击中你的存在核心，新的积极性将从这个核心中浮现出来，使你恢复状态；相反，首要的丧失将猛击你的要害，使你收缩，直至你的一部分死去。而根据博斯的观点，所有的丧失都会使你收缩，并从你的存在中抹去重要的价值，但这仅仅是暂时的。因为你是一个开放和善于接纳的人，新的现象可以进入你的领域，充盈和丰富它，使你在这个世界上重新焕发活力。

危机之逆境

我们当中许多人发现，生活在这个世界上并不容易，而且有些人受到了太多的打击。疾病、事故和死亡可能接二连三地降临到同一个人身上。让-保罗·萨特用"逆境系数"一词来表示自然、命运或运气为我们每个人准备了多少磨难。逆境的分布似乎并不均匀。大自然赋予一些人奇特的样貌，使他们很难找到爱的伴侣或一份工作。有些人身体残疾，不得不离群索居。有些人身患疾病，情绪沮丧，不能胜任工作。还有一些人在苛刻的条件下成长，导致出现严重的心理问题，或者无法获得适当的教育。

你无法改变这些既定的条件，但你仍有一个基本选择：你可以决定如何面对自己的残疾、疾病、缺点或一般的逆境。你是选择怨恨、愤怒或消沉，从而提升最初的逆境系数？还是选择在这场斗争中发挥你的力量，尽可能地寻求解决方案和成功？像"我很丑""我很笨""我找不到工作"或"人们不喜欢跟我这样的人在一起"这些想法，统统会加剧逆境和失败；而像"我会想办法""他们不会让我失望"或"我们都有权利在这里"这些想法，则完全相反。个体无法选择自己多么强壮、健康、美丽或有才华，也无法选择自己的父母。然而，他们可以改变自己对既定条件的反应方式。

这些既定条件就是我们的命运，必须接受或忍受它。我们生来是男是女，是高是矮，是蓝灰色还是棕色的眼睛，有没有雀斑；我们拥有何种体型；我们可能生来就患有某种疾病；我们可能在儿时被暴打，或者有一个酗酒的母亲；所有这些事情都是命运的安排。你无法改变这些事实。你必须接受它们作为你的根基，作为你存在的基础。如果你不接受它们，你将生活在假象之上。你会切断与自己根基的联系。

一些存在主义思想家用事实性（facticity）这个词来描述每个人的存在既定。我的命运或事实性的细节并不是由我选择的。首先，我并没有要求出生。没有人选择来到这个世上。突然间，我身处尘世中；这一事实是残酷的、无法解释的。我不知道我从哪里来，我唯一确定的是"我在"。

每个人都有自己的事实性。我不能过别人的生活，别人也不能替我而活。海德格尔发明了"被抛"（thrownness）一词来描述这种状态。我们每个人都是被抛到这个世界，被抛进了自己的存在处境。你可以把命运的安排想象成掷骰子的过程：每一个人都带着特定的种族、国籍、经济背景、气质、外表、性别和智力，摇摇晃晃地来到人世间。

事实上，活着就是将自己完全沉浸于自身的真实境遇中。因此，人生逆境的答案就是接受自己的事实性，并在此基础上采取行动。

危机之存在性开放

危机提供了一个通往存在深处的机遇。当一个人陷入危机时，就好像以前被沙土覆盖的地面出现了一条裂缝，类似于地震时大地上出现的裂缝。这条裂缝使个体能够深入观察一些非常重要的东西。这样一来，危机就有了存在主义的性质，可以成为个人的转折点，带来新生活的可能性。

由于出现大裂缝，个体有机会了解生活的真谛。我们可以将其比作地质学家在火山爆发时得到的机会：所有东西都在动摇和熔化，但地质学家可以观察里面到底在发生什么。

举个例子，一个男人遭遇了火车事故。他受了重伤，差一点儿没命。他受到极大的冲击，突然意识到他认为理所当然的事情根本没那么确定。生活并不像他原以为的那样清楚明白。他可能毫无征兆地在5秒钟内死掉，根本没时间与亲人告别。存在的基本境遇突然暴露无遗，日常生活的遮羞布被撕扯掉了。

那么，陷入危机的人有机会凝视并设法在其中立足的深渊到底是什么呢？这正是我们基本的存在处境。正如第1章所提到的，欧文·亚隆列举了4种基本的存在处境：（1）死亡（我们现在活着，但终有一死）；（2）自由（我们创造生活，但它来自空虚）；（3）孤独（我们孤零零地出生和死亡，但又需要他人和归属感）；（4）无意义（我们寻找和创造生命的意义，但处在一个无意义的宇宙中）。

现在，根据亚隆的说法，被危机击中是破坏性的事件，但也是一个难得的机遇，可以发现自己在这4种基本存在困境中的位置。亚隆的这一论断，在1990年对"斯堪的纳维亚之星"海难的研究中得到证实。在从挪威到丹麦的途中，"斯堪的纳维亚之星"着火了，造成159人伤亡。船上有许多正在度假的家庭。幸存者后来接受了丹麦心理学家的访谈。这些访谈特别关注幸存者对危机的反应，是否提高了他们对亚隆所谓的 4 种存在处境的意识。事实上，许多参与者对这 4 种基本存在困境有了更多的了解和接触。

在博尔诺看来，危机有令人痛苦的一面，但也是发展的重要途径。受克尔凯郭尔的启发，博尔诺深刻地阐述了他的观点：人的生命不仅仅是活着，它必须被接管。接管自己的人生，并不发生在日常的生活情境中，而是发生在特殊的情境下。在危机时刻，生活充满了张力。因此，博尔诺认为，危机在生活中扮演着重要的角色。正是通过危机，人类从需求驱动的日常生活上升到有意识的本真生活。

我们该如何度过危机

当一个人受到危机的打击时，许多重要的过程必须得到处理。不管这个人是否能够照顾自己，不管是否有朋友或家人照顾他，也不管是否有治疗师或其他专业人员帮助他度过危机，都是如此。无论如何，我们的目标都不是像对待疾病一样，去战胜或克服危机。相反，我们的目标是以开放和建设性的方式度过危机，并为未来的生活吸取经验教训。度过危机涉及三个重要方面，接下来我们逐一探讨。

让感受和情绪浮现，感知并表达它们

危机通常会引发强烈而多样的感受；不仅在危机发生的那

一刻，在危机发生很久之后往往也会如此。悲伤、愤怒、内疚、羞耻、绝望、焦虑等一系列情感浮现出来，寄居在身体里，浸染一个人的思想，影响一个人的行动。人们常常会惧怕自己内心出现的情感。

发现这些情感，觉察并感知它们，这是非常重要的。你必须了解它们，承认和接受它们。有必要认识到，这些情感是你自身的一部分。重要的是，与它们建立关系，开展内在的对话。

表达情感可以有许多种方式。对一些人来说，最自然的事情就是大声喊出来。对另一些人来说，可能更喜欢在平静和沉思的时刻默默地流泪。这类事情没有固定的规则，每个人都有自己感知、体会和表达情感的独特方式。

有些人认为，情感必须被发泄出来，但这并不是一种好方法。情感不应该被逐出身体，而是应该留在身体内，它们属于个体所有。个体需要接纳它们，给它们庇护，与它们共处，使其成为自己的一部分。

凡·德意珍在《存在主义心理咨询》一书中，对人们最常见的情感进行了概述。她把这些情感排列成一个圆环，认为它们在圆环中相互接承；这些情感与失去所爱的东西和获得有价值的东西有关。沿着丧失的维度，这些情感包括：骄傲、嫉妒、愤怒、恐惧和悲伤；沿着获得的维度，这些情感包括：内疚、渴望、希望、爱和欢乐。每一种感受都有建设性和破坏性的一面，凡·德意珍强调，重要的不是大声表达这些情感；重要的是，理解这些情感对于一个人当前和未来可能的生活方式揭示了什么。

识别你内在的大量情感，是与这个世界重新联系并在其中感到自在的一种方式。凡·德意珍强调，一个人需要体验涌现出来的许多不同情感，学习如何与它们友好相处，并从它们身上了解自己的生活方式——包括过去、现在和未来的。

尝试"破茧重生"，让自我得到治愈

当你遭遇残酷或恐怖的创伤事件时，将无法再对这个世界保持开放。你的防御机制会被调动起来，你会像乌龟一样缩进自己的壳里。你的肌肉在应对危险时会变得非常紧张。有时，你经历的事情是如此恐怖，以至于无法保留在意识当中。典型的情况是：袭击、恐怖活动、强奸、抢劫、交通事故、灾难或拷打，以及仁慈和丑恶并存的艰难情境，比如乱伦和家庭暴力。

当陷入这样的困境时，受害者的脑海中会快速而混乱地闪过大量元素：威胁、打击、疼痛、想法、感受和观察。许多东西不能被意识所吸收，必须被驱逐出去。后来，这些东西也不容易获取了。慢慢地，个体不得不去恢复这些细节：发生了什么？周围环境是什么样的？谁说了什么？我的脑海里想过什么？经验表明，反复地讲述自己的故事很重要，而且越详细越好。

在这个过程中究竟发生了什么？为什么这些经验从一开始不能被吸收？为什么它们后来又必须重见天日？精神分析学的解释是：这些经验遭到了个体的压抑，因此被移交给了无意识。后来，被压抑的部分要求得到恢复。但是，存在主义心理学家

和治疗师往往对压抑和无意识的概念表示怀疑，他们认为个体没有必要这样做。

斯皮内利通过"分离的或分裂的意识"这一理论来解释上述现象。创伤经验的某些方面被置于意识的一个区间，其他方面则放在另一个区间。也许最屈辱和最焦虑的经验被放在第一区间（当前无法回忆，但能隐约地感觉到）；而个体尝试去做一些事情的记忆，比如反击或帮助他人，最终被放在第二区间，并且很容易被回忆起来。但是，为什么以这种方式分类呢？

根据斯皮内利的观点，发生这种情况是因为个人的自我建构位于第二个区间。自我是个体最珍贵的方面之一。它包含了个体对自己是什么样的人的根深蒂固的信念。

当创伤事件发生时，个体的表现通常会与他们的基本信念——他们是谁，他们代表什么——发生严重冲突。关于这种威胁自我的行为的记忆，比如，个体不敢大声说出来，没有帮助流血的邻居，此刻被分离开来了，因为它们不能和自我栖身于同一屋檐下。

因此，修复过程的一个重要部分在于，个体对自己是什么样的人的信念和假设进行探索和面质。他们是否真的认为，最重要的就是做一个受人尊敬、乐于助人、聪明、勇敢或完美的人？

这种根深蒂固的假设，比如你必须受人尊敬或完美无缺，不仅会阻碍一个人回忆在某事件中被拒绝的经历，而且会阻碍他与这个世界的其他方面开放地相遇。

因此，危机的解决可能会导致这样的转变：从一种令人厌恶和可怕的经验转向对自我的新洞察和开放，转向探索自己关于世界的基本假设，并最终走向真实的自我发展。

抓住这个机会，重新思考生活的意义

人们对创伤危机的自发反应往往是："这没有一点意义，简直毫无意义；他竟然死了，所有人当中偏偏她病倒了，偏偏那个孩子吃苦头。"遭受严重丧失或创伤的人经常会被普遍的无意义感所困扰，这种感觉会持续相当长的时间。

每个助人者都应尊重对方的无意义感，并时刻对他们保持在场。如果做到了这一点，一般来说，生命本身的力量迟早会重新发挥作用，努力构建新的生活意义。请看下面这个例子：

> 在一个治疗团体中，几位成员同时经历了自己亲人的离世。团体成员的悲伤接二连三，他们分享着彼此的丧失。有一天，一位成员说了一句话："他再也不要虚度人生了。"这句话成了他们应对丧失的共同方法。因为一个家庭成员的离世，一位年轻女性改变了她的职业方向，以便能够处理那些跟致命疾病有关的问题。一位中年女性有意识地决定，继承她刚刚去世的父亲所拥护的一些价值观。

一项关于癌症患者的存在主义调查显示，许多病人把他们的癌症视为积极的东西。在得到诊断后，他们和其他人一样，先是感到惊恐，但在某个阶段，情况发生了变化。这种现象被称为"积极重建"（positive reconstruction）。这里面涉及了什么样的心理功能，为什么有些人重建了，而有些人没有重建，现在仍然不为人知。下面是一些积极重建的例子：

"癌症告诉我，我还有很多东西要学。我必须学会宽恕，学会感受内心的仁慈。我还没有从自己的抑郁发作中学到足够的东西。"（女性乳腺癌患者，56岁）

"我对生活有了不同的看法，我没有时间生闷气。"（幼儿园男教师，24岁，睾丸癌患者）

"大多数时候，我相信这是有意义的……这个意义就是内在的成长。我已经打破了一个人'应该'如何的规则和观念……能够更加诚实和真诚地生活。"（女护士，45岁，骨髓癌患者）

个人从疾病中领悟到的意义往往是非常个人化的，可能是一个提醒或警告：如果他们要改变生活，这次就是机不可失。他们可能开始把疾病看作是必要的，尽管很不幸，但从中可以发现、学习或意识到某些东西。

对一些人来说，他们生活的意义和方向得到重建，拥有了一种更热情和亲密的生活，其中包含了宽恕与和解、对存在处境的接纳等元素。

另一些人则意识到自己以前沉睡的某些方面，以及迄今为止尚未充分发挥的能力，比如创造性的才华或对自然的审美。

还有一些人与世界建立了新的联系。他们在社会中变得更加活跃，比如在民间活动或在教育事业中；他们希望将自己的经验和洞见传递给社会和世界。

因此，一个人的生活的意义和方向的重构，可以用这样的话语来表达：通过这次危机，他找到了自己，甚至变得更真实，成为真正的自己。

表4-1　存在主义危机治疗

在帮助某个人（或你自己）度过危机时要记住的事情：
- 这个人是否面对并清楚表达了危机情境中暗含的所有丧失（物理丧失、心理丧失、世界观丧失、存在丧失）？
- 这个人是否抓住机会去接受他的既定条件和事实性，以此作为（新的）存在基础？
- 这个人是否利用这个机会去面对基本的存在处境，并在这些处境中建立更牢固的根基？
- 这个人是否利用这个机会去感知、识别和表达危机引发的所有情感？
- 这个人是否利用这个机会去面对创伤事件中被分离的材料，并重新考虑他关于自己的基本信念和假设？
- 这个人是否尝试从创伤事件中发现一些意义，并为他未来的生活找到目标和方向？

危机：要还是不要

危机会带来伤害。因此，我们应该极力避免危机吗？我们应该追求没有危机的生活吗？这里并没有简单的答案。

博尔诺在《危机和新的开始》（Crisis and new beginning，1966/1987）一书中说道，我们不应该被动地忍受危机，而是应该走向批判。[危机（crisis）和批判（criticism）这两个词都源于希腊语 krinein，意思是分离、决定和净化。] 批判意味着面对现实。它涉及对事件过程进行独立的审视，并判断人们言论的正确性。批判可以辨别是非，去伪存真。通过批判，一个人让自己变得与众不同，成为一个自由、有担当的个体。

然而，博尔诺认为，一个人不可能利用自己的力量对自己最珍视的信念进行批判。为了做到这一点，个体需要受到外部事件的冲击。深刻的批判不会来自一个平稳的发展过程。

因此，培养批判性世界公民的前提是，每个人的生活和成长中都会发生危机。今天，个人对世界上发生的事情具有批判意识是至关重要的。这种批判意识只能通过危机获得。所以说，危机和批判是相辅相成的。

如今，在世界上最富裕的地区，似乎每个人都可以实现没有苦难和危机的生活。但是，这样的生活会有任何深度吗？人们能够感觉到自己在活着吗？这难道不会造成一个"千人一面"的社会吗？

危机是令人痛苦的,但它也是一个真正感受和感知世界的机会。同时,它还是一个发现自己、澄清自己价值观和接管自己生活的机遇。

第 5 章
死亡焦虑与投入生活

每个人都知道：有一天我将死去。许多人不愿意接受这个想法，但如果不能面对这个现实，我们也将很难回答这个问题：我是否恰当地利用了我的生命？当死亡来临的时候，我是否能够回顾自己的一生并对自己说：是的，我没有浪费自己的天赋和才能，我也尽可能地关心和照顾了他人？

因此，我们必须帮助自己和他人习惯于思考死亡，并面对自己生活方式带来的结果。

死亡已经成为现代人的禁忌。在以前，剧烈的死亡挣扎是日常生活的一部分。托马斯·曼和列夫·托尔斯泰都曾描绘过激烈的临终场景。今天，医疗部门通过镇静药物将死亡挣扎从我们的文化中消除了。谈到一个刚去世的人，人们会说：他平静地离开了。人们看重的是：死亡发生时，个人不要感受到它，也不要遭受痛苦。但是，为什么感受死亡的来临会成为一种禁忌呢？难道我们害怕知道，就在此时此刻，我们将要离开这个世界了？有时，医院里的病人被维持着肉体的生命，而不管他们的健康状况如何；有时，耄耋之年的老人被送去治疗，而不管他们的自然寿命是否快到尽头。就好像他们必须不惜一切代价维持生命一样。

考虑到医疗部门的这种战斗精神，仍然有那么多的人选择自杀，这是发人深省的。没有人知道该如何解读这些自杀事件。

也许它们在向社会传递一种信息：生命的质量比生命的长度更加重要？

死亡焦虑与投入生活有一种特殊的关系，可以说是人类生活的一个基本困境：如果你太过害怕死亡，你的生活就得不到充分的满足。死亡焦虑会给你的生活带来焦虑。但如果你能坦然迎接死亡、正视死亡，那么你的能量、活力和生活勇气都会得到释放。因此，你可以专注于解决生活困难，享受生活乐趣；换句话说，全身心地投入生活。

在这一章中，我们将讨论死亡的过程，以及关于临终和死亡焦虑的理论。我们希望读者在读完这一章后，对死亡感到更轻松自在，在接近临终者时感到更舒适，并因此更好地投入自己的生活。

走近死亡

我们大多数人都害怕自己最终的衰老和死亡。事实上，我们根本不知道，当死亡即将来临时会是什么感觉。也许我们的死亡恐惧是没有道理的？

有些学者已经尝试阐明这个问题。下面的描述主要来源于三个方面：（1）照顾临终者的专业人员；（2）对于临终者的研究（库伯勒-罗斯的理论）；（3）曾濒临死亡但又复生的人（所谓的濒死体验）。

对临终者的观察

一些亲属、护士、心理学家、牧师和其他人的描述表明，生命的终结可能有许多种不同的形式。一位护士说：

> 我在一家疗养院工作，照顾一位老太太。她能下床走动，但有一天，她的视力不行了。除此之外，其他方面都还好。她上了床后，一直躺在那里，说她再也不起来了！她的年纪已经很大了。她就这样在床上躺了大概8天，然后平静安详地去世了。令人难以置信的庄严……我从来没有见过一张如此美丽而平和的脸。这是她自己的选择，她的家人也完全理解。

在这个例子中，临终者的身体和心灵似乎是一致的。这位老太太可以毫不费力地告别人生。

在其他例子中，死亡可能会呈现出不同的面貌，正如另一位护士提供的例子：

> 我曾经在医院的癌症病房工作。有一个病人是食道癌患者，女性，30岁左右。那天，她的男朋友正好来探望她。她知道自己病得很重。她的病情已经到了晚期。
>
> 他们到客厅去待了一会儿，我在照看其他病人。突然，她男朋友冲了进来："快来，大事不好了。"
>
> 当我们来到客厅时，这个女人正在咳嗽，几乎吐出了

身体里所有的血。这是一次彻底的爆发，几分钟后她就死了。

后来，这位护士在她的报告中写道："她变得极其消瘦，几乎是皮包骨头，而且脸色苍白。奄奄一息时，她倒在地板上。我坐在地板上，扶着她的胳膊。她的男朋友站在我身边。我在想：为什么她要以这种方式死去？我觉得这种方式很恐怖。它让我很害怕！如果她能走得舒缓一点，躺在床上，那样会好一些。不要如此剧烈，平静地离开。"

对这个女人来说，死亡来得太突然了，太早了。而且在去世之前，她的身体受到疾病的长期折磨。

当年轻的身体受到疾病的折磨时，心灵往往也伴随着巨大的痛苦，而这颗心本可以欢呼雀跃的。相反，也有这样的情况：人们的身体仍然充满活力，心灵却失去了对生活的热情。最后，还有这样的例子：身体和心灵都愿意继续活下去，但生命却被外部因素所切断，比如一场车祸。

库伯勒-罗斯的理论

伊丽莎白·库伯勒-罗斯采访了大约 200 名各个年龄段的临终者，以了解即将死亡意味着什么。她发现了临终者的五种不同反应。虽然她使用了"阶段"这个词，但她强调这些反应可以交替出现。

第一阶段，否认，意味着不愿面对现实。当听到令人震惊的消息时，比如被诊断患有不治之症，否认是很常见的。否认可能表现为一种不切实际的信念，认为诊断是错误的，这样便可以让自己回归日常生活。第二阶段，个体会产生愤怒，比如怨恨、狂怒、羡慕和嫉妒。这种愤怒可能变得很强烈，也可能指向生活中普遍的不公平，甚至指向身边的任何人。第三阶段，讨价还价，根据库伯勒-罗斯的说法，它是指患者试图推迟死亡的来临，通过应许某种补偿物作为回报，以期被允许经历特定的事件或者再活一段时间。第四阶段，抑郁，这个词则描绘了一种悲痛、沮丧和伤心的感受。第五阶段被称作接受。库伯勒-罗斯用这个词来描述一个人默认并接受他的命运或生命的自然过程。这个人对周围环境失去了兴趣，退缩到自己的世界中。据许多观察者说，在病人死亡前的最后几天或几个小时内，这种情况是最常见的；而且，它最常出现在那些生命圆满而去世的老年人身上。

库伯勒-罗斯的理论已经被广泛应用于医疗人员的培训，但这个理论仍存在某些问题。最主要的是，该研究并没有为五个阶段提供严格的依据。就这一点而言，库伯勒-罗斯是模棱两可的。她声称存在真实的、固定的五个阶段，而且她暗示必须经历前面几个阶段，才能到达最后的阶段。而在其他地方，她又变得温和，进行了调整和修改。但是，这一理论常常以僵化的方式进行传播，因此可能会产生不良的影响，即护理人员执迷于辨认规定的阶段，而不是致力于开放、倾听和理解。对于一个人应该如何走向死亡，医护人员可能会形成僵化的观念。但事实上，在临终阶段，尊严与羞辱、丑陋与美丽往往以各种方式共存和交融。

这个理论的另一个问题是它的适用范围。库伯勒-罗斯以 20 世纪 60 年代美国某地区的临终患者研究为基础，提出了她的理论。这些患者的反应是在普遍的人本主义和精神分析参考框架内被解释的。然而，基于这一特定的研究，我们能否将研究结果强行推广到其他人群和文化中去？

第三个问题是库伯勒-罗斯论述中固有的病理化观点。诸如"反应性抑郁""预期性抑郁""防御机制""像孩子一样讨价还价""投射""需要完成每个阶段"等概念，给人以过于消极和诊断性的印象。毕竟，我们谈论的是完全正常的反应。消极和诊断性的概念很容易使专业人员对积极的过程和资源视而不见。与其说是抑郁，不如说是悲伤和绝望；与其说像孩子一样讨价还价，不如说希望忽明忽暗；与其说是防御机制，不如说是斗争。

为什么要用与疾病相关的术语来理解正常的生命过程呢？从存在主义的立场来看，死亡是一个完全正常的现象。其实，我们也可以这样来表达临终的核心过程：

1. 如果你将要死去，你必须完成与生命的交易。能否完成这笔交易，取决于如何体验自己的生活：你对人生的发展是否感到满意，或者你能否说服自己对它们满意？你是否完成了自己的使命，如果没有，你能否将它们转交给别人？你能否原谅或忘记别人给你造成的创伤？你是否为自己给别人造成的创伤而真诚道歉了？

2. 如果你将要死去，你就必须放手。死亡，就是对生命放手，也是对自己放手，是让步，是屈服。与此相反的，是对抗，是抵制，是紧抓不放。

3. 如果你将要死去，你必须感受身体的痛苦。死亡往往要忍受一定程度的身体疼痛，并找到与之共处的方法。

4. 如果你将要死去，你必须面对自己的焦虑，同样要找到与之共处的方法。

对濒死者的访谈

许多人曾走在死亡的边缘，然后又"死而复生"。雷蒙德·A. 穆迪采访了1000多名有过濒死体验的人。迈克尔·B. 萨博姆、肯尼斯·林、鲁内·阿蒙森等人也进行了相关研究。

濒死体验是指当一个人的身体濒临死亡或在临床上死亡时，他对自己身在别处的强烈体验。濒死体验似乎在以下情境中经常发生：交通和溺水事故、心脏病发作、外科手术、战争事件，以及其他突发的危及生命的经历。一项研究表明，每20个成年人中就有一人可能遇到过这种现象。但是，大多数人通常选择对这种经历闭口不谈。

某些元素在濒死体验中是反复出现的：（1）个人的意识存在于身体之外，意识常常会在几米高的上空观察自己的身体

（一个人可能看到手术台上的自己，随后对手术中的解剖细节做出精确的描述，这些细节是可以被证实的，而它们似乎无法在现场被体验到）。（2）个人体验到一种深刻的平静和从痛苦中解脱的感觉（包括在车祸中身体严重受伤的例子）。（3）个人看到自己的生活在眼前闪现，并重温一系列重要的事件，这往往是在一瞬间，但注意力高度集中；这意味着对过去事件的接纳，包括对不愉快、困难以及险恶事件的接纳。（4）个人体验到身处另外一个世界，体验到在那里有无限的幸福。在那个世界，人们经常会遇到已故的家人和朋友。在那里的感觉如此美妙，以至于不得不再次回到自己的身体里时（比如被抢救过来）可能非常令人不快。

以下两个典型的濒死体验来自挪威心理学家鲁内·阿蒙森收集的资料。1960年，一位来自挪威东部的妇女，当时还是个年轻女孩，讲述了如下经历：

> 12岁那年，我差点"淹死"在一个游泳池里。当我准备浮出水面呼吸时，一个伙伴坐在了我的背上。一开始很可怕，我吓得要死。眼前一片漆黑，我在往下沉，被往下吸。
>
> 突然，我感觉到四周和头顶有一道暗紫色的光，它把我往上托起。当我升得更高时，光线慢慢变成了玫瑰色。我感觉自己在上升，我漂浮起来了。我看到头顶有一道无限的白光，它把我往上拉。它是白色的，同时我又能

看到其中的每一种颜色（世界上所有的颜色）。就在这时，我听到了"所有时代"音乐和歌曲，像一首磅礴的交响乐，像一道壮观的瀑布。同时，我还能听到每一支单曲，每一个节奏；我能听到古典音乐和管风琴的声音——完整的剧本和整首乐曲——它并不令人困惑，尽显神圣的美丽。平和，安定，永恒的极乐。我越靠近白光，音乐就越响亮。美妙极了。我漂浮着，滑行着，被迎接着。时间已不存在。我感觉不到自己的身体，只觉得有些东西是我，我存在于万物之中。

　　当我写下这些文字时，我看到的一切就像是"视频直播"。当我在一片混乱中被抢救过来时，我既生气又困惑。我没有对任何人说。不敢说。而且，这对我来说太奇妙了，我无法与任何人分享。因此，也没有人可以嘲笑我，否认这个不可思议的经历。

这里有趣的是，我们从一个孩子的视角看到，日常的时间和空间维度是如何不复存在的。还值得注意的是，像颜色和音乐这两个类别是通过联觉来体验的，视觉和声音同时统一。这种感知在日常生活中是不常见的。

第二个例子描述了一个来自挪威西部的男子的经历。这名男子被认为脚踏实地、实事求是、没有宗教信仰，他以前从未听说过这样的经历。

有一段时间我压力很大，后来导致了心脏血栓。我是早晨住进医院的，在白天、晚上特别是深夜，我的感觉越来越糟。在最初的几天里，一切都在慢慢好转，但我认为主要的危机发生在第一天晚上。剧烈的疼痛和衰弱的心脏功能使我失去了知觉。周围开始变得一片黑暗。

然后，眼前开始变亮，我以水平姿势从床上升起来，漂浮着，没有重量。我带着某种遗憾俯视着躺在床上的那个惨白的身体。我现在大约在10米高的地方，我看到一个护士从椅子上站起来，迅速走到床边。她俯下身去检查。我看不清她在做什么，但我看到一个仪器和氧气瓶。她看了看仪器（心电图）和床上"那个身体"。我清楚地看到她兜帽下的头发。她的皮肤很白，一直到脖子都是。在某种程度上，这对我来说并不重要（尽管我一直喜欢看漂亮的女孩）；我现在意识到，我手里握着一根白色的绳子。绳子的一端伸到床上，其余的部分飘浮在空中。这根绳子慢慢从我手中"滑过"，我正在上升。我现在在一条笔直向上的隧道入口处。

这个隧道好像是由某种云构成的。穿过隧道，我称之为"光-音乐"的东西向我涌来。光和音乐同一时间出现在一个新的维度。这是我经历过的最美好的事情。现在我到了绳子的尽头，我知道如果我放开它，我就会滑翔而上，永远消失。这让我想到"在那头"所有未完成的事情，想到我的家人，以及我在离开之前需要收拾的烂摊子。我知道他们需要我,我开始把自己往下拉。没有任何阻力,我"滑行"回到了床上,周围的一切开始变暗。

当我再次醒来时,我直视着护士的脸,她说着"噢哦,感谢上帝"之类的话。然后,黑暗和疼痛又回来了。这段经历清晰而独特,似乎没有什么不自然。那美妙的"光-音乐"和"亲切的温暖"向我涌来。这是一次如此美妙的经历,从那时起我不得不承认,我瞥见了一个我们一无所知的维度。很明显,它让我的生活有了新的视角。在隧道的尽头有一些妙不可言的东西。

上面描述的经历可以从两个方面来解释。一种可能性是把它们看作物理、化学和生物因素的结果。濒死体验可以被视为一种幻觉,一种假想的出生经验的重新激活,或是血液中二氧化碳含量增加的结果。穆迪提到了一些这样的解释,并发现它们有重要的不足之处。

另一种可能性是将濒死体验看作死后仍有生命的迹象,看作存在来世的证据。从科学的角度来看,这种解释是大胆的,无法得到客观证实。但是,许多今天支持这一解释的医学研究人员,在接触这些材料之前,最初也是持怀疑态度的。

进一步澄清这两种解释的优点,可以通过更有说服力的研究来实现。然而,现有的研究确实可以得出结论:在许多情况下，死亡并不像大多数人想象的那么可怕。有时候，它简直棒极了。就拿溺水死亡来说，大多数人将它与可怕的呼吸困难、挣扎和呛水联系在一起。但根据现有的描述，这种体验的积极方面远比消极方面突出；在某些情况下，它们可能还有一种独特的迷人品质。

死亡焦虑的三种理论

如果死亡本身并没有令人不快，为什么那么多人避免直面死亡呢？为什么死亡焦虑和死亡禁忌充斥着我们的文化和日常生活？我们与死亡的关系有没有可能更亲近些呢？下面，我们将回顾关于死亡焦虑的三种理论。

亚隆的理论：死亡焦虑及其防御机制

亚隆重新构建了弗洛伊德的精神分析理论，把死亡焦虑放在了一个核心位置。他指出，"对死亡的恐惧在我们的内心体验中扮演着重要角色，它悄无声息地出没；在平静的表面之下隆隆作响，它是意识边缘一个黑暗的、令人不安的存在"。为了克服死亡焦虑，每个人都必须发展特定的防御机制。在心理治疗中，如果允许对死亡的思考占据核心，那么我们会获益良多。

像弗洛伊德一样，亚隆的工作基于一个基本的结构，这个结构塑造了我们日常思维之外的精神生活；同样像弗洛伊德一样，他也沿着防御机制的思路进行思考。[1] 在一个详尽且证据充足的章节中，亚隆指出弗洛伊德系统地忽视了死亡焦虑，并给这种焦虑起了一个其他名字（阉割焦虑）。根据亚隆的说法，弗洛伊德的《癔症研究》(*Studies in hysteria*, 1895/1955) 揭示了"病例故事和弗洛伊德的结论与构想之间令人惊讶的差异：死亡如此普遍地存在于这些病人的临床病史中，以至于弗洛伊德只有存心疏忽，才能从他对创伤诱因的讨论中遗漏它"。

亚隆对死亡焦虑这个概念的使用并不是很严格。事实上，"焦虑"是指一种没有对象的害怕状态，而恐惧是一种类似的指向特定对象的状态。因此，死亡焦虑是对湮灭或"非存在"(non-being) 的普遍害怕，而死亡恐惧是对与死亡有关的特定事件的恐惧，比如与亲人的分离或身体上的痛苦。亚隆发现，纯粹的死亡焦虑在心理治疗中很少见到。对死亡的恐惧或防御机制倒更为常见。亚隆区分了两种形式的死亡焦虑：一种是在原则上意识到我们终有一死（许多人都能够讨论这个话题，许多专业人士还在这方面受过专门训练）；另一种是意识到我这个人即将死去（这几乎总是一个可怕的打击）。

亚隆理论的一个重要方面是，他提出了两种关于死亡焦

---

[1] 亚隆所基于的基本结构是"对终极关怀的觉察→焦虑→防御机制"，即对死亡、自由、孤独和无意义的觉察和恐惧引发了焦虑，进而引起个体的防御；而弗洛伊德依赖的基本结构是"驱力→焦虑→防御机制"，即内部驱力的满足会带来危险，会招致惩罚，故而引起个体的焦虑和防御。参见欧文·亚隆，《存在主义心理治疗》，商务印书馆2015年版，第10页。——译者注

虑的防御机制。第一个防御机制是"特殊性",即相信自己神圣不可侵犯。根据亚隆的说法,每个人内心深处都相信死亡是别人的命运,而不是自己的。大多数人都相信自己不会被车撞到,不会在游泳时突发不适,不会在开车时睡着。当一个人被告知患有严重疾病时,第一反应通常是否认或怀疑。这种反应是处理焦虑的一种方式,但它也源于一个人对自己不可侵犯的深刻信念。有些人认为自己是自然规律的例外。他们总是想:"这种事不会发生在我身上。"这样一来,他们就可以鼓起勇气去面对危险,而不被焦虑所压倒。根据亚隆的观点,一个人对自己不可侵犯的信念,可能表现为成就一番伟业的野心,或者表现为十足的工作狂——不断与时间赛跑以求完成更多的任务。在这些人身上,我们可能还会看到,以自我为中心的对他人的不尊重,或者对权力和控制他人的强烈需求。

作为这种防御机制的一个例子,亚隆提到一个 25 岁的男性癌症患者,他拒绝接受化疗,而这是唯一能救他的方法。他讨厌依赖他人,讨厌无助。他创造一种自己控制和管理一切的生活。没有人能够伤害他。12 岁时,他就挣钱养活自己。15 岁时,他就离开了家。完成学业之后,他进入建筑行业,很快就掌握了所有的活儿:木工、石工、水暖工和电工。他建了好几栋房子,以高额利润卖掉,买了一艘船,结了婚,和妻子驾着船环游世界。

亚隆提出的另一个防御机制被称作相信伟大的拯救者。在内心深处，许多人相信有一个无所不能的人会维护他们的利益，有一种力量会永远守护他们、爱着他们和保护他们。因此，许多患有不治之症的人幻想，在最后一刻，会有一种新的特效药被发明出来。一个被囚禁在监狱里的人，一个被外国势力俘获的人，或者一个船只失事的受害者，可能幻想有人会在最后一分钟来营救他们。有些人畏缩在伴侣、父母或医生的身后，赋予这些人魔幻的力量，希望并相信他们会成为自己抵御死亡的屏障。

亚隆提到的另一个例子是，一个25岁的男人因快要崩溃而寻求帮助，因为他的妻子要离他而去。他的生命遭遇严重的威胁：他陷入恐慌焦虑，一直哭泣，夜不能寐，茶饭不思，渴望终止痛苦——无论付出什么代价，并认真考虑过结束自己的生命。他不停地想着他的妻子。他自己说，他不是在"生活"，而是在"打发时间"——做填字游戏、看电视、读报纸、看杂志和其他活动，尽可能不痛苦地度过这段时间。

根据亚隆的观点，为了抵抗死亡焦虑，上述两种机制通常都会被用到，大多数人会交替使用它们。因此，亚隆将死亡焦虑视为一种巨大的威胁，它是如此强大和根本，以至于每个人都必须保护自己免受其害。于是，人类利用这些防御机制来提供这种保护。许多人可能会因此更好地面对死亡，但他们永远无法完全、敞开地面对死亡。死亡的威胁性太大了。

康德劳的理论：死亡焦虑和死亡渴望

对于死亡在人类生活中的角色，有必要采取这种消极的看法吗？吉翁·康德劳不这样认为。在《人及其死亡》(Man and his death) 一书中，他阐述了一种遵循博斯和宾斯旺格传统的观点。康德劳认为，在死亡焦虑与死亡迷恋（或渴望）之间有一种独特的联系。焦虑会引起迷恋，而焦虑和克制同时也是对迷恋之物的逃避。

焦虑和渴望都是现代人与死亡的关系的组成部分。一方面，大多数人都希望通过先进的医疗保健、接种疫苗、心脏救护、器官移植、延长生命等方式，不惜一切代价避免死亡。另一方面，我们当代文化的特征却是执意破坏生命本身，比如不健康的生活方式、酒精、尼古丁、毒品，以及不知疲倦地工作和追求成就。逃避死亡和追求死亡齐头并进。在许多现代生活方式中，康德劳都看到了这种对死亡的迷恋或渴望：在报纸上，在电视上，在电影中，我们发现了对死亡的大量关注。康德劳认为，我们不应该对此采取消极和谴责的态度。更好的做法是承认这种对死亡的渴望，并将其视作生命的一种积极表达。

康德劳细致研究了死亡焦虑，包括它的不同方面，它的来源和本质。事实上，死亡焦虑有很多方面：一个人可能最担忧的是死后会发生什么；另一个人可能害怕要遭受的痛苦；第三个人害怕死亡过程本身；第四个人害怕的不是死亡本身，而是与所爱的人分离。有些人害怕临终过程中的孤独，或者死亡的不可逆转性。另一些人则担心在这个过程中，自己不再有活力，或者无法再做任何决定。

这些形式各异的死亡焦虑的根源是什么呢？康德劳列出了两个主要来源：第一个是这个人的生命可能没有得到充分实现。他说："生活焦虑和死亡焦虑可能出现在这样的人身上，他们没有充分展现生命的潜能，因此也没有实现自己生命的价值。也就是说，焦虑会出没在那些还没有实现人生成就的人身上。这种实现可能涉及好好活下去，满足某个重要的需求，完成某个指定的任务，使一个人的人格成熟或者超越现在的样子。"根据康德拉的观点，让人感到威胁的想法是：我们将要从这个世界上消失，却没有真正完成自己的使命。

死亡焦虑的第二个来源是现代人不安全的困境。在当代社会，我们过着一种暴露和没有保护的生活。个体需要一种基本的安全，这种安全源于熟悉的外部环境和对一种特定世界秩序的信念。康德劳指出，无处不在的焦虑证明了爱的普遍缺失，"因为焦虑和爱是相互排斥的，即使不是完全排斥，也是在很大程度上如此"。

康德劳对焦虑本质的看法也很有趣。康德劳说，焦虑绝不是病态的。即使存在性焦虑促进现代人去咨询他们的精神科医生、心理学家和心理治疗师，或者寻求药物治疗，焦虑也不是病态的。焦虑无处不在。任何通过心理治疗消灭焦虑的努力都是严重的错误。但是，心理治疗可以帮助一个人承担和忍受生活本身带来的焦虑。

焦虑的本质在于，基本焦虑往往隐藏在其他类型焦虑的背后。对飞行、老鼠、电梯或开阔空间的恐惧，可能会掩盖个体的基本焦虑。那么，最基本的焦虑跟什么有关呢？它关乎的是生命本身；关乎获得认可的内在愿望，以及存在的勇气；关乎一个人自由和开放地与这个世界相遇。

人类总是以特定的方式适应这个世界。当焦虑决定了一个人的基调时，他就会收缩自己。焦虑这个词与拉丁词 *ango* 有关，意思是我压缩，我收缩——比如说，喉咙。当一个人感到焦虑时，喉咙和胸部会收缩，呼吸会受到损害。这个人无法再自由地呼吸。在焦虑的痛苦中，一种收缩、压抑和限制人与世界的关系的情绪支配着一切。焦虑阻止了一个人自由和开放地面对这个世界。

表 5-1　康德劳的死亡焦虑理论

死亡焦虑的范围

人们害怕：
- 死后会发生什么
- 死亡时遭受痛苦
- 死亡过程本身
- 与所爱的人分离

第 5 章　死亡焦虑与投入生活

- 死亡之旅的孤独
- 死亡是不可逆转的
- 无法做出任何决定

死亡焦虑的来源

死亡焦虑来源于以下方面：
- 我没有充分实现我的人生，我的使命还没有完成
- 现代生活总体上是冒险的，不是在既定的、安全的世界秩序中发展

死亡焦虑的本质

死亡焦虑：
- 是我们最基本的焦虑
- 是正常的，不是病态的
- 可能会伪装成恐惧或其他看似病态的焦虑
- 关乎生命本身，关乎存在的勇气，关于自由和敞开地面对这个世界

罗洛·梅的理论：焦虑、内疚和未实现的生命

　　罗洛·梅将基本焦虑定义为对迫近的"非存在"的威胁的

体验。

　　根据罗洛·梅的观点，当存在和非存在之间产生冲突时，焦虑就会出现。当一个新机会、一种可能性浮现并让个体面对实现自己生活的新前景时，焦虑就会登场。因为这个机会要破坏已建立的安全感，所以个体产生了拒绝新机会的想法。这个困境就是焦虑的来源。[1]

　　因此，焦虑与自由紧密相连。克尔凯郭尔将焦虑定义为"自由的眩晕"，并补充说，焦虑实际上是一种自由，是自由实现之前的一种可能性。关于这一点，海德格尔说道，焦虑提供了一个最基本的机会，让一个人向自己敞开心扉，并以这种方式找到自己。如果一个人不接受这个机会，他们就会沉沦。这种沉沦意味着你逃离了自己，在与大众的非本真互动中迷失了自己，在这个世界的忙碌与喧嚣中迷失了自己。但是，是什么让人类如此恐惧，以至于他们选择逃避到人群中，逃避到日常生活的疯狂喧嚣中？答案是虚无。引起焦虑的正是虚无。让人们感到焦虑的不是任何具体的东西，而是人类的"在世之在"本身。因此，如果一个人敢于正视焦虑，焦虑就会开启他的人生。

　　罗洛·梅说，焦虑是一种积极的东西。因为焦虑证明了一

---

[1] 当一个新机会出现时，个体将面对一种新的存在的可能性，而当前的状态相对来说是"非存在"（新机会的出现会让个体意识到"非存在"的威胁）；这就相当于一个婴儿出生时的场景，从一个温暖狭窄的旧世界走向一个冰冷广阔的新世界，会让个体感到无比焦虑。——译者注

个人拥有潜能，展现了受到非存在威胁的新存在的可能性。当一个人面临展现或不展现生命潜能的选择时，焦虑就会出现。当一个人选择不去实现这种潜能时，另一种感觉就会出现：内疚。因为人类总是包含未实现的潜能，所以内疚和焦虑一样，也是每个人生活中都存在的东西。像焦虑一样，内疚感也是生活中一种积极的力量，因为它可以唤醒一个人。因此，存在主义心理学对焦虑和内疚的看法，与传统的精神分析和精神病学对这一主题的看法迥然不同。在后者的视角中，内疚和焦虑通常被视为问题和不合时宜的。但在存在主义心理学中，它们基本上被视为积极的潜能和指南（当然，它们的某些衍生或扭曲的形式一开始可能会引起一些痛苦）。

那种因未实现的潜能和生命而产生的内疚，被称为存在性内疚。这是人们对自己和自己的生活怀有的一种内疚。我们都有一定程度的存在性内疚。如果一个人的生命基本上是未被实现的，往往会有大量的存在性内疚。它可能表现为痛苦、狭隘、冷淡、精神上的贫瘠和心灵的彻底失望。处于这种状态的个体，往往会发现很难面对死亡或离开人世，因为他们与其说没有实现价值，不如说还没有充分利用那些潜能。这样的例子可能包括：（1）一个人强烈地想要成为艺术家或追求学术事业，但他从来没有这样做；（2）一个人在人生中太晚发现自己想要有个孩子；（3）一个人一生都在从事着不合适的工作，从来没有找到适合自己的位置；（4）一个人一直生活在压迫或不满意的家庭环境中，却无法纠正或挣脱它们。

亚隆区分了存在性内疚、神经症内疚和真实内疚，就像第1章中提到的。存在性内疚是一个人对自己未被完全实现的生命的反应。当一个人在自己的想象中对另一个人做了不被允许的事情，或者当人们在自己的想象中违反了社会禁忌时，产生的是神经症内疚。当一个人对另一个人造成了实际伤害时，才会出现真实内疚。似乎有必要对这三种内疚采取不同的处理方法。存在性内疚是人类自我反思中一个重要而积极的组成部分。神经症内疚则是需要被消除的，这样个体就可以放弃对自己不道德、不合适和不胜任的非理性幻想。真实内疚则应该产生这样的后果，即当事人试图自己弥补所造成的伤害。

亚隆、康德劳和梅的理论，对于为什么面对死亡如此困难这个问题，提供了多少有些不同的答案。在亚隆看来，死亡是困难的，因为死亡本身对所有人来说都是可怕和难以接受的。一个人可以建立自己的防御，但他改变不了死亡本身的恐怖。在康德劳那里，人类与死亡的关系更为积极。人类可以学习迎接死亡，习惯死亡，允许自己和他人迷恋死亡，甚至渴望死亡。根据梅的观点，死亡与生命是相辅相成的。一个人越充分发挥自己的潜能，他就越容易面对生活中的焦虑和内疚，就越容易与这个世界告别。

接触死亡的影响

一个人接触死亡是可取的还是不可取的？目睹灾难是幸运

的还是不幸的？我们应该极力避免这种情况吗？我们应该保护同胞尤其是青少年免受其害吗？让我们来看看，如果一个人不得不直视死亡，对他今后的生活将有什么影响。

濒死体验的影响

一些研究人员强调，濒死体验深刻地改变了一个人的人格和价值观。濒死体验是一个人生命中至关重要的事件。在这个人的余生中，它将一直是照亮心灵的明灯。

雷蒙德·穆迪使用大量的案例材料，说明了许多具体且经常发生的人格变化：个体不再害怕死亡；不再那么关注物质；更加强调爱和善良，强调做一个有爱心的人；更重视获得知识和洞察力，感受万物之间的连接，体验生活的宗教和灵性的维度。根据穆迪的说法，这种对爱和知识的重视是濒死体验影响的一个重要特征。

其他研究人员采用了更系统的方法。在详细分析 21 位案主的调查问卷后，查尔斯·弗林得出结论，个体在特定的领域经常会受到某种特定的影响。这些经常发生的影响是：对他人的关怀明显增加，对死亡的焦虑明显减少，更加相信死后仍有生命，更加相信生命有其内在意义，以及会产生更强烈的宗教倾向。此外，人们通常会发现自己对物质的兴趣大大减少，也更少在意别人对自己的看法。

在一项更全面的研究中，包括对 102 名濒临死亡的受试者（52 人患有严重疾病，26 人遭遇几乎致命的事故，24 人自杀未遂）的采访，肯尼思·林描绘了一系列相应的人格变化。他似乎发现了与弗林描绘的相同效果，尽管程度可能要较低一些：个体更加珍视生命，生命的意义也更加明确，人格得到强化，对他人表现出更加关爱的态度。林还注意到，个体的宗教感增强，死亡焦虑减少，对死后生命的信念增强。

虽然上述研究存在方法论上的弱点，但毫无疑问的是，它们所描绘的影响确实发生了，尽管不能确定这些影响有多普遍。

遭遇死亡的影响

亚隆曾回顾了一些研究，这些研究说明了人们在遭遇死亡后出现的积极变化。在一项研究中，研究人员访谈了10个试图从旧金山金门大桥上跳下去自杀的人。这当中有6个人后来改变了他们的人生观。其中一个人说道："我对生活有了新的希望和目标……我感激生命的奇迹……我体验到与万物合一、与所有人合一的感觉。"亚隆在接触大量癌症晚期患者后，发现这些患者改变了生活中的优先级，有了更强的选择能力以及说"是"或"否"的能力，更能够活在此时此地，更能够享受日常生活中的乐趣，与所爱之人有了更深的交流，更少担心他人如何看待自己。

罗素·诺伊斯也进行了类似的广泛研究。在这项研究的215名受访者中，所有人都是从危及生命的事件中幸存下来的；其中有138人说，他们对生命和死亡的看法发生了变化。这些变化包括：减少了对死亡的焦虑，增加了对危险的无所畏惧，感觉命运或上帝主宰一切，相信死后仍有生命，生活中有了更多的欢乐，更能够活在此时此地。

亚隆和海德格尔一样，假设所有人都有两种不同的生活方式；而与死亡的相遇，会使许多人从一种存在模式转变为另一种模式。通常，大多数人都生活在忘记"人生大问题"的状态中。他们被无数的世俗事物所吞没，在日常生活的喧嚣中忘记了自己。他们生活在一种忘却存在的状态中。但有时，人们会跳出这种常规，进入一种不寻常的状态；在这种状态下，他们更关注生活本身，更珍惜当下，真正感受到活着的感觉。那些重要的生活事件，尤其是死亡，会在一段时间内将人们从无意识的日常存在模式转变为深刻而专注的存在模式，即一种正念的存在状态。

丹麦的一项研究验证了这一观点。1990年的"斯堪的纳维亚之星"海难，是近年来斯堪的纳维亚半岛最严重的灾难之一，造成了159人死亡；学界一直有关于它的追踪调查。研究人员报告，2/3的幸存者认为他们从灾难中学到了一些东西。他们当中大多数人积极地看待这次事件。他们变得更加自信和自我认同，更能够活在当下和划定界限，更能够理解他人，与家人也更加亲密。

死后是否有生命

接触死亡可能会增加个体对宗教或灵性方面的兴趣，并更加相信死后仍有生命。迟早，我们都会问这样一个问题：死后是否还有生命的延续？博斯总结了人们对这个问题可能的看法。他提出了三种逻辑上的可能性：（1）死亡是一种彻底的湮灭，死了就什么也没有了；（2）死亡意味着之前的肉体存在转变为一种不同的存在模式，但只要我们还活着，就无法感知这种存在模式；（3）死亡意味着之前的肉体存在会转移到万物存在之前的东西上，因此，死者获得了与生命本身的联系，后者对活着的人来说是隐秘的。

有趣的是，我们似乎生活在一个可以发现这三种认知的时代。下面的例子来自前面提到的癌症研究，它们分别对应着上述的三种认知：

> 一个72岁的老人，是一位退休的工匠，对死亡完全没有任何猜想。他已经接受了死后一无所有的现实。"所有关于死后还有生命的说法，我都不相信。当我们玩完的那一天，一切都结束了。当我们在炉子里被烧成灰烬时，那就是生命的尽头。对每个人来说都是一样的。当你宰杀一头猪或一匹马时，也是如此；除了可能被吃掉，不会再发生任何事了。"
>
> 一个45岁女项目经理，是一位虔诚的基督徒。她说："我很想为自己的死亡做好准备。在我内心深处，我觉得如果我日复一日直至死亡，那是很可怕的……我相信死后仍有生命，相信有更强大的力量。就像上帝坐在天堂里等着你。我认为我们死后会转化为别的东西。因此，我不想

被火化，我想以传统的方式被埋葬。我相信，如果我表现好，善待他人，关心他人，还有善待自然，关爱动物，我就能上天堂。"

一位46岁的前护士说："我已经不再相信所谓早逝这回事了。我不再认为死亡是残忍和可怕的事情。我相信能量无法被摧毁，能量只能被转化。我认为我的肉体会消失。但我相信，生命的火花，那个启动我进入身体和出生的过程的火花，来自一个统一的能量束。这就是我对上帝的理解。我相信，能量就是万物之源。"

当考虑到人类生命之外的事物时，存在主义思想家分成了两个阵营。有些人（例如亚隆和萨特）认为人类是有界限的、自生自灭的：所有存在的人都是独自或与他人一起努力创造自己的生活，构建自己的存在。另一些人（例如弗兰克尔和马塞尔）则认为人类镶嵌在一个更大的结构或整体中：人类存在之外还有一些另外的东西；那是一种恩典，一种救赎、治愈或调解的力量。

然而，这两个阵营都同意，人类的特征是拥有意志力和决心。意志力使人类拥有一个凝聚的自我，无论它是否属于一个更大的整体。将你的活动集中于一个协调的意志力行动中，就是真正地成为你自己，而不再迷茫地生活在循规蹈矩和单调的日常活动中。意志力的作用是至关重要的，我们将在第6章阐述这个主题。

克尔凯郭尔把这种意志力的行动称为"信仰的飞跃"(leap of faith)。人类不得不舍弃理性而跃入信仰。跃入信仰的那一瞬间,他称之为面对上帝的时刻;在他看来,这一瞬间也是自我浮现的时刻。相信基督就是相信自己,他说:"现在的问题是,你愿意(理性)受到冒犯,还是愿意信仰基督?如果你愿意信仰基督,那么就要穿越冒犯的可能性,无条件地接受基督教。然后'就可以了'。所以,不需要理解!你只需要说,'不管现在是帮助还是折磨,我只想做一件事,我要投身于基督,我要做一个基督徒!'"

根据海德格尔的说法,死亡之前的那一刻是至关重要的。死亡不仅仅是一件消极的事。坚决地正视死亡,就是为了找到生命的统一性。死亡为我的生命设定了限制。因此,它使我的生命有了统一的可能。

关于人类存在之外还有什么,可能有许多不同的存在主义观点。当你比较克尔凯郭尔和海德格尔的观点时,这一点是显而易见的。在存在主义思想的矩阵中,可能有许多种宗教和灵性的信仰。

最近,国际社会一直在讨论宗教价值观与自由民主国家的言论自由之间的平衡问题。这个问题关乎公共空间的行为准则。宗教因素和情感应该在多大程度上支配我们的公共空间,又应该在多大程度上支配个人的言论自由?

大卫·伍尔夫对我们这个时代的宗教思维及其心理方面进行了概述。他写道:"这是一个特别有趣的时代……一方面,我们目睹了世界范围内传统教派的复兴；另一方面，人们对'新灵性'的兴趣也在激增"。这种发展的存在主义意味在于，即使在现代世俗化的国家，宗教和灵性问题也越来越突显，这就要求每个公民都明确自己在这些问题上的立场，并形成一致性的世界观，无论是世俗的还是宗教的。

怎样才能帮助临终者

一个健康的、有活力的人要去帮助一个濒临死亡的人，这是一项非常艰巨的任务。这个健康的、有活力的人是一名护士、一位亲属，还是与临终者有其他关系，并没有什么区别。这里的困难在于，被帮助的那个人对生活的洞察力远远超过了助人者。一个活得好好的人能够理解将要死亡意味着什么吗？一个缺乏经验的人怎么能够帮助一个更有经验的人？对于年轻人如何帮助那些在人生道路上走得更远的人，瑞典老年病学家拉尔斯·托恩斯戴姆讨论了一些基本问题。他的观点是，年纪较轻的专业人员往往很难理解老年人的需求，因为他们无法超越自己积极进取的人生阶段，所以看不到老年人的真正需求。

我们的社会是一个系统，人们需要相互帮助。通常，这些助人者都是领薪水的专业人员，他们的工作就是帮助别人。这种帮助可以出现在收容所、医院或者家中。这些助人者可能是护士、医生、治疗师、咨询师、家庭帮佣或其他工作人员。但这里所说的帮助在一定程度上也适用于家人、朋友和志愿者。

在下面，我将概述如何为临终者提供最有价值的帮助。

不要对临终者实施你自己的计划

关于怎样对临终者是最有益的，助人者通常会有具体的想法。例如，临终者应该是积极乐观的；应该讲述自己的人生故事；应该倾听家庭成员的心声；应该接受医学治疗；或者应该保持冷静，完全消除痛苦。因为临终者很虚弱，而专业的助人者很有力，所以助人者通常很容易达到目的。这样做是出于良好的意图，想要做正确的事情。通常，专业人员并没有意识到他们的行为对临终者心理的影响，而是继续按照同样的方式对待下一个临终者，即使这些行为违背了临终者的需求。关于什么对临终者是最好的，助人者通常有根深蒂固的、基于个人的假设。这些根深蒂固的信念可能非常强烈，以至于它不容易被现实所纠正。下面是一个例子，说明了专业人员对临终者可能有自己的计划：

> 一名患有双侧肺癌的88岁男子，住进了医院肿瘤科病房。很明显，他只剩下几个月的生命了。在医生会诊时，主任医生建议进行放射治疗，并得到其他医生的同意。但放射治疗对病人来说很痛苦，他变得虚弱并感到恶心。他恳求护士放弃对他的治疗。他想要的只是有机会与亲人谈话，在谈话过程中不要太虚弱；他只想平静地离开这个世界。但他的要求没有得到满足。

这个例子表明，许多医院的医生似乎都有一个基本的假设：要不惜一切代价实施治疗，并尽可能延长病人的生命。显然，一些医生认为，放弃治疗就等于医治失败。

在临终关怀中，我们经常看到助人者试图让临终者保持活力、热爱生命。就好像人们不被允许离开这个地球，即使他们的大限已经来临。因此，临终者无法找到最后的旅程所需要的平静和安宁，因为他们必须不断地安慰悲痛中的家人。一个特别典型的例子是，一位母亲在最后阶段拒绝了年幼子女的探视。她的丈夫和工作人员都很失望，也许还很气愤，但这位母亲已经说了再见，她需要用剩下的力气来结束自己的人生。

所以，问题的核心是，助人者必须能够尊重临终者的需求，即使这个人在否认，在生气，或者为自己感到难过。不是每个临终者都能接受最后的事实。专业的助人者不应设定僵硬的准则，要求人们必须有尊严地死去，或以任何其他规定的方式死去。助人者应该接受临终者自己的方式。

最好的帮助就是陪伴临终者

为临终者拟定议程说明了助人者想要做某事，想要完成某事，而不是仅仅存在。斯皮内利描述了"做"和"存在"之间的区别，这一区分对于帮助临终者是非常有价值的。斯皮内利说，我们社会中的大多数人都强调他们擅长做什么，而不是他们是什么样的人。然而，并不是你的行动品质使你对他人有价值；而是你的存在品质使你具有价值。如果你只是根据你能做什么来定义自己，你就把自己变成了一个机器人。

西方人习惯于重视行动，医疗保健人员在开展工作时尤其如此。仅仅陪在另一个人身边，仅仅是在场，简单却又非常困难。助人者的思绪可能会向四面八方游走；他们可能会充满焦虑地开始整理房间；可能会成为脑海中翻腾的奇怪想法和感觉的受害者；可能变得异常紧张和尴尬。大多数人会发现仅仅陪伴很困难，但这是卓有成效的。如果助人者有勇气去陪伴，对临终者来说可能最有价值。

帮助悲伤者最好的方法通常就是陪在他身边，对他保持在场。在场意味着身体上和精神上的陪伴：以一无所求的方式关注对方，让对方处于平静。陪伴一个人，也意味着接受和认同他的世界观和优先事项。有时，病人非常重视一个在别人看来微不足道的细节，比如窗帘应该拉到什么程度。在这个时候，你得顺从病人的意愿。

与病人同甘共苦，是帮助病人继续前行的唯一途径。如果一个人能够与临终者一起悲伤，与临终者一起为浪费的生命而烦恼，与临终者一起为他曾经的执著而生气，那么临终者就有可能真正放下。用阿瑟·米勒[①]的话来说，临终者最终可能会拥抱自己的生命，"把自己的生命放在自己的臂弯里"。

---

① 阿瑟·米勒（1915—2005），美国剧作家，主要作品有戏剧《推销员之死》《萨勒姆的女巫》等。——译者注

与死亡和解

　　海德格尔强调，将死亡作为一种可能性纳入现实，会使生命更加真实。我总有一天会死，这是我最确定无疑的事实。许多人想推迟死亡，但死亡和终结是人类生活的重要组成部分。一个没完没了的人生将是恐怖的。海德格尔的基本观点是，如果死亡被公平和公正地接受，它将是真实生活中一个颇具价值的整合因素。

　　根据博斯的观点，人们从小就知道，有一天他们会死去。另一方面，动物和植物对死毫不知情，它们只是在死的那一刻失去生命。因为知道了这一点，人类就必须与死亡保持永恒的关系。人类的生命是面向死亡的生命。

　　这种面向死亡的生命（有时也称作"向死而生"）可以有许多种形式。有些人逃避对死亡的思考，他们对死亡充满了恐惧。但是，人们也可以做到直视死亡。

　　博斯注意到，儿童通常不像成人那样害怕死亡。儿童并不认为自己是有界限的、独立的个体，而认为自己是由父母所代表的更大整体的一部分。因此，博斯说，如果事情必须如此的话，儿童并不觉得向死亡屈服有多么困难。在青春期后，对死亡的恐惧往往会大规模地涌现；年轻人越是将自己看作一个独立的、自足的个体，这种恐惧就越强烈。

　　雅斯贝尔斯描述了当我们接近死亡时，我们如何平衡自己的生命。当我面对自己的死亡时，也是我回顾自己一生的时候。

在这个过程中特别重要的是，我做过或经历过的具有存在性和本真性的事情。那些摇摇欲坠的东西只不过是外在的或表面的存在。雅斯贝尔斯区分了生存和生命本身。生存只是生命的外在方面，是身外之物，在客观的、物质的意义上存在。生命本身则是一个自由的人从内部体验和展开的东西。当我面对死亡时，我对存在的丧失感到绝望，但在最后一刻，我将重获生命本身。在死亡的那一刻，我将重温自己做过和经历过的真正重要的事情。雅斯贝尔斯似乎相信，这种具有存在性或本真性的事物与外在或表面的事物的比较，在死亡的那一刻之前，是不会有任何定论的。在死亡的那一刻，本真性的部分将最后一次给我以生命和滋养，让我有机会最终拥抱自己的人生。

因此，死亡在生命中扮演的角色不仅因人而异，而且在每个人的生命历程中也是变化多端的。就好像个体在一生中都在与死亡进行着不断变化的对话。雅斯贝尔斯说，死亡的形态是变幻不定的。死亡的实际形态与我在人生中某个时刻的状态一致，我并没有一幅恒久不变的死亡画面。相反，我对死亡的态度随着我生命的变化而变化。如雅斯贝尔斯所说："死亡随我而变。"

第 6 章

选择与责任

现代生活需要人们不断地做出选择，在世界上富裕的地区尤其如此。在这些地方，每个人都必须做出生活中重要的决定，比如接受什么教育，选择什么职业，找谁做终身伴侣，居住在哪里，等等；还要做出大量的日常选择，比如今天买什么食物，穿什么衣服，下次投票给谁，去哪里度假，晚上和周末做什么，等等。

当来访者寻求治疗时，他们经常面临选择的困境，比如：应该坚决离婚，还是忍受下去？应该在职业上做出重大改变吗？应该搬到乡下去住，还是搬到另一个城市或国家？

在世界上较为贫困的地区，生活可能没有提供那么多选择。居住在这里的人们基本认为，生活就是做你必须要做的事：要么遵守，要么忍受。例如，你可能不得不每天步行两小时去取饮用水，你可能不被允许批评地方当局，你可能无法获得医疗保障，你可能无法选择或拥有一份职业。此外，在富裕的国家里，那些没有特权或财富的人，也经常感觉自己没有太多选择，只是日复一日地努力生存。

然而，仔细观察就会发现，即使你没有什么特权，事实上仍能做出选择。这些选择不是选择 A 或选择 B，而是选择你对待现实的态度。例如，你可能无法在美食佳肴之间做出选择，你可能只有一顿不太丰盛的午餐，但你仍然可以选择说"谢谢"还是表达不悦。

因此，对所有人来说，无论在什么社会和文化情境下，无论是否享有特权，思考自由、选择、责任和义务这些词意味着什么，思考自由与责任之间的存在困境如何呈现在我们面前，都是意义重大的。

当一个人面临两种或两种以上的可能性时，选择或决定就出现了，他会考虑所有这些选项，最后对其中一个说"是"，并因此放弃其他选项。

选择以自由为前提。自由意味着你能做自己想做或认为正确的事情。自由意味着自主权，与之相反的是约束和强迫。如果在某个特定的情境中，一个人不止有一种选择，他就拥有选择或行动的自由。

选择也意味着责任。当你对一件事说"是"而对另一件事说"不"时，这对你自己和他人都会产生某种影响。负责就是接受自己行为的后果。负责地生活，意味着充分意识到自己行为的后果。对某件事负有责任，几乎等于对它负有义务。

当一个人对某件事做出承诺时，这个人的意志就被激活了；当一个决定在现实生活中被执行时，它反过来就会导致行动。有时候，这样的决定就如同投身或跃入未知。

如何做出重要的人生决定

一个人在生活中做出的最重要的决定，被称为存在性的选择或重要的人生决定。在我们的一生中，会有许多这样的时刻，无论我选A还是B，无论说"是"还是"否"，它都是至关重要的。

这种紧迫感可能出现在以下情境中：当你选择结婚或者离婚时；当你决定是否要生个孩子时；当你考虑职业和工作场所时；当你考虑旅行和搬家的问题时；当你打算学习新的技能时；当你考虑是否要退休时；当你接受命运或环境对你造成的后果时；或者当你遇到其他利益攸关的问题时。

人们是如何做出这些重要决定的？个人如何才能做出正确的选择？我们是通过理性的计算，通过列举利弊的方式来完成的吗？关于何为正确的直接信息是来自内心还是上级？这个决定来自一个完全不同的"自我"——一个新的、迄今未知的自我部分——的展现，还是人们实际上没有经过深思熟虑就做出了决定，以至于他们突然发现自己结了婚、有了孩子或做着某种工作？

日常生活中的例子

研究人员给受访者分配了以下任务：

请描述一个你不得不做出艰难决定的情境，描述一下你的想法以及你是如何做出决定的。

他们的回答表明,在重要的决定过程中,两个选择经常相互竞争,每一个都在用力拉扯个体。直到某个选择被确定时,这个过程才会落幕。

下面是一位护士的例子:

> 红十字会正在寻找长期援助南斯拉夫的护士。我有点儿心动。这个地区正遭受着巨大的苦难,我一直觉得自己应该做些什么,让这个世界变得更美好。我试图说服我的丈夫和两个孩子(16岁和18岁)接受我去南斯拉夫,但没有得到明确的支持。我犹豫了很久,揣度着他们没有我是否也能正常生活,以及我回来时丈夫是否仍然在等着我。然而,我还是离开了。
>
> 当我回来的时候,我必须重建我和家人的关系,现在我正处在这个过程中。一个孩子以我为榜样,也去了国外。我在南斯拉夫的工作,对我来说意义重大。它让一切变得顺利起来。我做了一件正确的事情。

这类决定的过程似乎是这样的:两个互不相容的目标被相互比较、权衡;其中一个被选中,另一个被放弃。为了达到预期目标,意志力被调动起来。不过,在上述例子中,我们还可以发现另一个元素:这两个目标对她个人来说,并不是同等重要的。对这位护士而言,所选择的目标意味着一些基本的生活价值。可以说,如果她不能实现这个目标,她就辜负了更好的自己。值得注意的是，相反的选择，即留下来和家人待在一起，也可能是其他人的核心价值。这里重要的并不是哪个目标。决定什么是重要的，它完全取决于每个人。下面两个来自医院的例子，也清楚地说明了这种存在性因素。

一位部门主管被告知，她的一个员工身上有酒味。一些同事已经在议论此事。这位主管该怎么做呢？她应该把这个员工叫来谈话，了解上班饮酒的问题，还是应该假装不知情？这位主管说："我必须在简单的解决方案（听之任之，做个好人）和使人不愉快的方案（召见这位员工进行尴尬的面谈）之间做出选择。我选择了后者，我认为这是大家对我的期望；情境使然，职责所在。这确实令人不愉快，但我还是做了该做的事。"

一位年轻护士与一位年长的同事在一起工作，这位同事也是她的一个熟人。年轻的护士说："根本没办法，我们就是合不来。我突然想到，我们中间必须有一个人离开。我认为，如果我留下来，可能对医院会更好，但这很难说出口。我在一次员工会议上说了这番话，结果她被解雇了。当我们在咖啡馆聊天时，所有同事都站在我这边，但现在他们都只顾自己。我感觉很糟糕。我和那位熟人取得了联系，以便恢复我们的关系。我们和好了。总而言之，故事的结果就是我变得更坚强了。我觉得自己做得对。但我的同事们也教会了我一些关于人性的东西。"

在这两个例子中，同样需要在两个解决方案之间做出选择：一个是简单或令人愉快的解决方案，个人在其中仅仅隐忍或退让就可以；另一个方案则要做一些令人不愉快的事情，但它看起来似乎是更合适、更合理和更负责任的。

其他的困境可能有不同的结构。有时，令人愉快的选择也是更恰当的选择。有时，解决方案不是争论双方中有一个人退出，而是两个都留下来一起解决问题。

一些关键的困境往往是在两极之间做出选择。一方面是表现友好、顺从社会、遵守习俗、跟随大众，另一方面是坚持自己、真诚、诚实、率直、负责。有时候，真正的决定可能纯粹基于生存本能：这关乎我的人生。如果个体选择了非传统的道路，而不是常规的道路，结果往往是个人力量得到复苏，并深信自己做了正确的事。

以上三个关于决定的例子，都属于"有意识地权衡两个目标"。而另一种类型的人生决定是"一个重大的决定破土而出"，这种决定悄然成熟，接着突然爆发。下面就是这种决定的一个典型例子。

一位曾经的社会工作者说："我一生中最艰难的决定就是离婚。"这对夫妇有一个男孩。她说："我们的婚姻每况愈下，我感觉很糟糕，我们的孩子也是。我想，'这不可能是生活的意义——感觉如此糟糕'……我在那段婚姻中原地踏步，我不断尝试与丈夫沟通，看我们是否能够改善婚姻，但无济于事，于是一个决定逐渐成熟：'对，这就是极限！这就是我们婚姻的终点。'这实在是太难了。因为我们有丹尼尔，不是吗？我记得有一天早上，我醒来了，那天像今天一样，是个美好的日子。阳光照进房间，我跳下床，把丹尼尔从床上抱起来，然后我穿戴整齐地站在床脚，我的丈夫睡得正香，我把他叫醒，对他说：'我现在要走了！'这确实是一种残忍的方式，但我真的试过去接近他。他感到非常震惊：'你不能就这样离开！''不，我可以。'

"这真的给了我一种安全感。我有一间公寓，我想要丹尼尔的监护权。因为很明显是我在照顾他。这个决定对我来说如此清晰，我几乎能闻到它的味道！我也不希望事情变成那样。但这是为了让无法忍受的情况变得可以忍受，不是吗？……首先，这一切都是为了我们的儿子。我是谁，竟敢把孩子从他父亲身边夺走？我确实没有权利这么做。但我是这样想的：既然我不能在这段婚姻中继续下去，我就必须往前走。我会为自己的儿子负责。我想要离开！我觉得自己快要窒息了，我几乎无法呼吸。我已经快变成我婆婆那样子了……

"我所知道的就是这些了，现在——我简直就像易卜生戏剧中的娜拉，她去了哪里？和她一样，我也不知道该去哪里。我只知道我必须走出那扇门，我必须带着我的孩子。我从来没有像做出这个决定那天那样，坚定地依靠自己。屋外阳光明媚，一切那么轻松、友好……我受够了。

我不能再待在这里了。这个决定已经酝酿了很久,不是吗?然后,我觉得:'就是现在,就是这里!'我毫不犹豫。我问儿子:'你要带些什么吗?'然后我拉着儿子的手,我们离开了!尽管我不知道要去哪里,但我觉得我们要开始新生活了!远离那种死气沉沉的生活!我无法忍受死气沉沉的生活。

"这个决定花了大约一年时间才破土而出。大约一年的时间。这不是我贸然投入的事情。我有深刻的考虑。我要走向新的生活,这正是我现在所做的。我的脑海里突然浮现出卓别林的形象——他迈着'外八字'的步伐!(大声笑)。哎呀,我的脑海里有各种各样的画面,关于自己的生活。是的,那是美好的一天。确实是这样。"

你也许觉得,这个决定标志着生活本身的突破。但在做出这个决定之前,像前面的例子一样,个人可能也存在大量的犹豫。尽管如此,这样的决定主要还是显示了生命的自发性和力量。

关于决定的理论

那么,上述这些决定究竟是如何做出的?我们的头脑里会经历哪些过程?在做选择时会涉及哪些基本要素?下面,我们简要回顾关于决定的四种理论。

罗洛·梅的理论

罗洛·梅认为，重大决定是愿望和意志相结合的产物。在梅看来，主要的问题在于从愿望到意志的转变。梅认为，愿望是对某种行为或状态的可能性的想象；而意志是个人管理自己的能力，以便朝着某个特定的方向或目标前进。

那么，我们如何从对美好事物的幻想转变为有力地贯彻个人计划呢？从愿望到意志的转变是如何发生的？在梅看来，这个过程可以分为三个阶段。

第一阶段是愿望的形成。在这个阶段，最重要的是觉察和感知自己身上发生的事情。许多人很久以前就不再理会自己身体里在发生什么。有些人有效地屏蔽了身体的感觉，以至于他们即使想要去了解，也无法感知自己真正想要什么。这些人的成长经历对他们的感觉和感受来说过于苛刻了。他们的身体已经变得麻木，需要长期的练习来恢复感受的能力。尽管如此，大多数人还是保留了感受自己愿望和倾向的能力。

第二阶段是将愿望转化为意志。这里的核心要素是意识，即我们知道自己想要什么，想做什么。根据梅的观点，这将导致个体重新认识自己——我就是有这个愿望的人，我就是这个愿望的来源和主体。因此，梅说，意志的出现并不是对愿望的否认，而是将愿望整合并提升到了更高的意识水平上。

在第三阶段，意志将转变为决定和责任。梅认为，"决定"是愿望和意志的调和，将其转化成了实际行动和个人的自我实现。决定是一种承诺：个人就某项任务与自己达成协议。前面那个红十字会护士的例子，就说明了梅所论述的三个阶段。

根据梅的观点，愿望、意志和决定在同一根链条上。现在的问题是，梅是否触及了我们这个时代的意志和决定问题的核心；还是说，他的贡献更应该被看作一种历史性的文化批评？有趣的是，梅特别重视一个人的愿望。他似乎在说，只要你尽可能弄清楚自己的愿望，剩下的事情就会自然发生。

奥托·兰克的理论

存在主义取向的精神分析家奥托·兰克提出了关于意志的不同观点；他和罗洛·梅一样，也是基于治疗经验发展出自己的意志理论。兰克认为，关于决定的问题首先源于缺乏意志力。许多人没有充分地发展自己的意志。

在兰克的治疗工作中，恢复意志力是一项主要内容。兰克说，"重要的是，神经症患者首先要了解意志，发现他能够在不感到内疚的情况下行使意志"。他接着说，意志力的恢复可以一次性解决很多问题。由于某种原因，拥有和展示意志力，拥有强大的意志本身，一直受到许多心理学家和精神病学家的轻视。某种程度上，拥有意志力使人充满罪疚感。然而，正是这种力量有意识地、积极地和创造性地塑造了个人的自我以及周围的世界。

兰克把建立和加强他人意志的工作分为三个阶段。我们不能只是说，你必须有更多的意志。首先，你必须建立反向的意志。反向的意志出现在正向的意志之前。根据兰克的观点，这一点适用于所有的儿童抚养和心理治疗。意志的发展会经历这三个阶段：（1）反向意志阶段，个体与他人的意志相对立。这里重要的是，父母或治疗师要接纳和包容反向意志的表达和爆发。他们不应该与之抗争或撤退，而是应该对其保持在场。（2）正向的意志阶段，个人愿意并真正接纳他们必须做的事情。（3）创造性意志阶段，个人许下自己的愿望，并调动自己的意志力来实现这些愿望。

拥护兰克的理论可能是困难的，或许是因为我们生活在缺乏意志力的文化中。父母、老师和治疗师自身也可能遭受意志薄弱的困扰，无法清晰地表达自己。如果要在孩子、学生或病人身上激发出健康的反向意志，最好父母、老师或治疗师自己曾经有过积极愉快的斗争经历，这样可能会取得最成功的结果。

麦奎利的观点

兰克对个体的意志力感兴趣，麦奎利则强调了意志的另一面。做决定不仅仅是梅和兰克所强调的自我扩展，它也是一种放弃。决定支持一种可能性，总是要反对这一情境中内在的其他可能性。也许现代人很难做决定，是因为他们从来没有学会放弃。每一个支持某种事物的选择，同时也是排除其他事物的选择。

麦奎利说，人们设法回避决定。因为即使每个决定都使人们踏上新的人生道路，但他们也被切断了一直开放着的其他可能性。如果你想对一个有吸引力的选择说"是"，你必须同时能够对另一个选择说"不"。如今，人们想要的太多，说"不"的能力欠缺。上一节的三个例子就说明了人们必须能够对某件事说"是"，对其他事情说"不"。

雅斯贝尔斯的理论

雅斯贝尔斯强调了决定的一个特点，即它往往是在某种自发情境下做出的。一个重要的选择往往看似是自然发生的事情。一个人正在受苦，不得不做出选择，但这个选择在某种程度上是自动的，因为有更大的力量进入了现场。究竟是自然、生命本身还是别的什么东西在起作用，我们无从得知。但是许多存在性的选择，无不经历了一段极其痛苦的岁月；在那之后，解决方案有一天就令人信服地出现了。

做重要的人生决定的艺术，实际上就是能够耐心等待，能够长久地忍受模棱两可或两难的局面，直到答案自行呈现。一个过早的、过于理智的决定是经不住考验的。不是意志力和智力在选择，而是生命本身在选择，如果我臣服于它、允许它这样做的话。臣服是成为自己的一种独特而有力的方式。你可以把上一节的最后一个例子（离开丈夫的女人）看作雅斯贝尔斯理论的例证。

表 6-1　关于做人生决定的理论

罗洛·梅：
1. 感受愿望
2. 激活意志
3. 做出决定

奥托·兰克（发展意志的三个阶段）：
1. 实现你的反向意志
2. 实现你的正向意志
3. 扩展你的创造性意志

麦奎利：
1. 你必须首先学会说"不"
2. 然后才能够说"是"

雅斯贝尔斯：
1. 忍受痛苦，学会等待
2. 然后决定会自行呈现

你的决定如何影响你成为自己

似乎有两种方式来理解个体与其决定之间的关系。我们可以说，先有一个自我，然后依据这个自我做出选择和决定，因此，这些决定是已然存在的自我的逻辑延伸。我们也可以说，一个人先做出选择，然后被这个选择所塑造，因此，个体成为什么样的人，实际上是其做出或无法做出的决定的结果。这里采取哪种方式，取决于你对自我本质的看法。下面我将阐述两种不同的自我理论，它们有着各自的拥护者。

核心自我的理论

某些理论认为，人类有一个相对稳定的自我；换句话说，人有一个实质或者核心。卡尔·罗杰斯就是核心自我理论的倡导者之一。罗杰斯认为，自我（自我概念）是一个人对自身特征，以及对他与别人和世界的关系特征的感知，包括附加在这些感知之上的价值。

自我概念和有机体经验是罗杰斯理论的两块基石。两者之间可能一致也可能不一致。他希望在教育和治疗两个方面取得进展，使两者相互协调、和谐。

自我的发展是由有机体内在的自我实现倾向决定的。然而，"自我实现"这个词是基于这样的假设，即有机体内有一个自我要实现，如果还没有自我，那就是自我的种子。但这种情况是否属实，还有待商榷。

精神分析学家海因茨·科胡特建立了自体心理学（self-psychology）。根据科胡特的观点，每个人都有一个在童年早期就已形成的自我，它是通过儿童与重要他人的互动形成的。

同样，研究婴幼儿发展的丹尼尔·斯特恩断言，每个人都有一个界限清楚的自我，而且他也认为这个自我很早就形成了。

这些理论都提出了自我的概念，即对个体来说，自我是相对稳定的，代表了个人的特征；自我是很早就存在的，是可以被描述的东西。这些人倾向于把个人的选择看作自我行动的结果。

关系自我的理论

大多数存在主义思想家对这个问题的看法有些不同。麦奎利说："自我正是在做决定时出现的。"做决定是向未知领域的一个飞跃。然而，真正被选择的不是外在的东西，而是我们自己。

在发展的早期阶段，个体并没有一个现成的自我。我们拥有的是各种可能性。当我致力于可能性 A 而不是可能性 B 时，同时也决定了我将成为什么样的人。一个人可能会说：我想演奏音乐，我想和某某在一起，我想搬到加州去住。许多年后，这些决定及其后果塑造了一个人。正是在个人选择的行动中，这个人成为最真实、最完整的自我。

存在主义思想家认为，自我是个体通过选择及其后果所形成的，是他们使其存在的东西。人的自我是不断形成的，是通过行动创造出来的。它从来都不是固定不变的，因为它总是在生成。

此外，一些存在主义思想家采取了更激进的立场。斯皮内利甚至避免使用"自我"这个词；因为在实践中，如果你使用"自我"这个词，就不得不想到一个固定和稳定的统一体，想到一个实体或一种本质。斯皮内利用"自我建构"这个词取而代之。这个概念表明，一个人在不断思考自己，审视自己和定义自己。根据斯皮内利的观点，自我建构甚至不会孤立存在，而只存在于人际关系中。但是，如果自我只存在于关系中，那么该如何描述一个人的自我呢？

一位曾是高中教师的女性，平时不怎么抛头露面。当她与不同的人见面时，似乎会表现出自己非常不同的方面。当她和周末男友（一个年长的男人）在一起时，她像个少女，性感，聪明可爱。当她和长大成人的孩子在一起时，她充满了责备和不满，几乎对他们不屑一顾。当一个以前的学生来探望她时，她会扮演一个亲切的导师角色。当有亲朋好友来访时，她会在他们面前抱怨这个世界。当她和医生及其他权威人士相处时，她特别喜欢争论，几乎到了吵架的程度。同时，她还与几位著名的艺术家保持通信，她的信件充满了灵性、欢快和古怪的幽默感。

有人可能会说，这个人在不同的关系中表现出了完全不同的一面。尽管如此，关于她的生活和历史的谈话似乎表明，在其自我构建中，更深层的模式将这些线索联系在了一起。

她认为自己是一个很有天赋的女人，无论是文学、智力、艺术方面，还是爱情方面。她只是在一定程度上实现了这些天赋。她对当代一些伟大作家关注的主题有很好的感知力，也有很好的接触，但人们从未真正欣赏过她的天赋和才能。她的直系亲属对她毫无同情心，或者说对她态度恶劣，充满了敌意。在不同的工作场所，同事和上级也对她表现得粗鲁和不理解。

　　这个故事让我们看到了这个女人自我建构的基本模式。她认为自己拥有特殊的才能，可以胜任独特的角色。但是，周围的人们并不同情她，也不欣赏她的才华。

　　根据斯皮内利的观点，个人的自我建构最初是可塑的，但是通过人与世界的互动，它被构建成某些特定的模式。这些模式表达了沉淀的观点或关系方式，使自我建构具有了一种实体感。这些沉淀物的核心是关于世界和自我性质的信念。这些信念将整个自我建构和个人身份联系在一起。斯皮内利说，这些沉淀的信念是我们建构自我的基石。

　　上述的基本信念（假设）决定了我们如何解释大量的经验。"基本信念"这个词与认知疗法的"基本假设"或"有问题的假设"非常相似。然而，在存在主义理论中，"信念"一词也可以被认为包含了个人对未来生活的希望。基本信念往往是在一个人的发展过程中，作为个体解决危机和困境的方案而逐渐获得的。

有些信念可能多年来一直处于自我建构的核心，并对个人的日常生活产生巨大影响，比如："我很丑""至少我能解决实际问题""我在学术方面很在行""我深知如何与异性打交道""我的记性不好""我很邋遢""他们可能不想要我""一切都可能出错""我不擅长主持会议"。

斯皮内利指出，这些沉淀的信念经常与现实发生冲突，这为个人发展提供了一种重要的可能性。

由于这些沉淀的信念的动力非常强大，常见的情况是，现实不得不根据信念进行调整。这是因为个体否认或重新解释了挑战自我建构的现实情况。例如，如果一个人认为自己很丑，即使受到真诚的赞美，他也很容易不屑一顾，认为赞美者是想得到什么。此外，如果有人认为自己在学术方面非常出色，然后收到了负面评价，他们很容易觉得受伤，并认为批评是不公平的，而不是将其视为学习的机会。

然而，与现实的冲突也有另一种可能，即一个人开始质疑自己的许多固定看法：关于他是谁，将来成为什么或做什么，擅长什么或不擅长什么。这个人也可能打开内在世界，而不是向外封闭自我。

斯皮内利说："如果自我建构的每个方面都接受挑战，那么就有可能改变整个自我建构。"重新审视我是个什么样的人，以及我如何看待自己，为改变我身处其中的所有重要关系铺平了道路。

因此，与某人的自我建构进行对话，可能会引起一种保护性的反作用，因为自我建构在其拥有者看来是如此珍贵。但这种对话也可能是富有成效的，因为即使是一个小小的开口，也会产生许多美妙的结果。

真的无法自由选择吗

一个非常普遍的观念是：人类有很多事情是被迫去做或者不得不做的。这种想法渗透在我们整个文化中。在某种程度上，我们似乎都接受了这种思维方式。如果治疗师和教师严重依赖这种思维方式，那么他们也会在来访者和学生的生活中推而广之。

这个观念是正确的吗？我们每天都有许多不得不做的事情吗？它们都是非做不可的吗？让我们尝试探究这一观念的本质。

在我们的生活中，是否有任何情境让我们有理由说：我是被迫做这件事或那件事的？答案是：很少。我们可能会想到严刑拷打的情况，想到无法拒绝施虐者的情况，想到人们受到死亡或伤害的威胁——在遭遇战争或者犯罪团伙的情况下；这个时候，我们似乎有理由说：我是被迫做这件事或不做那件事的。此外，当一些人面对海啸、飓风和其他灾难时，在这样的环境中，他们无能为力，只能逃跑或者抢救一点东西。还有，如果人们或其家人确实在忍饥挨饿，处在无法生存的边缘，似乎可以说他们被迫四处觅食。在世界上的一些地区，这种被迫的情况相当常见。但在世界上更发达的地区，这种情况已不再普遍；很幸运，它是不常见的。

然而，在许多发达和富裕的国家和地区，人们也经常会说"我是被迫的……"或"这是必须的……"。这些话语通常并不能反映现实。你不是被迫的，相反，你是有选择的！我们要承认这一点，并为自己的选择负责。我们将在本章最后一节讨论这样做的好处。

现在的生活是否由外部力量决定

许多人对自己的生活不太满意。他们不时地对自己说，现在是时候改变了。或者他们会说，明年情况会有所不同。人们特别喜欢在生日那天和新年前夜，重新审视自己的生活，并为生活中的重大改变制订计划。有些人会在新年前夜喝得酩酊大醉，因为他们无法面对又一年过去（很大程度上"被虚度"）的事实，也不清楚如何让事情变得更好。

我们有可能计划并发起生活中的重大改变吗？一个人能自由地决定某件事此刻必须改变吗？或者，我们实际上是由外部力量所决定的，比如，来自过去的影响或来自文化和社会的压力？

这些问题的答案，可能听起来有点令人惊讶：你是否真的能改变自己的生活，取决于你持有的关于人类改变的理论。

童年是否决定了我现在的生活

自弗洛伊德以来，人们普遍认为，个体成年后的痛苦和性格可以追溯到童年的某些事件或情境。在整个 20 世纪，童年对成人生活的重要性已被视为不言而喻的事实；也就是说，它成了我们理解自己的一个背景。今天，不仅心理学和精神病学的面谈中包括对童年状况的探究，童年和教养也成了朋友间谈话的一个重要话题。报纸杂志和其他媒体上也充斥着关于童年重要性的文章。

下面是一些例子，说明了现代人如何看待自己的童年，以及如何将自己的现在与过去联系起来。

一个 30 多岁的办公室女职员，感觉自己并不是一个自由的人："我似乎无法将自己从'好女孩'的原型中解放出来。我时不时会做点叛逆的事……但我必须不辜负那个好女孩的形象，那个甜美的女孩——记忆中有一个成熟懂事的女孩，她很擅长帮助妈妈，照顾弟弟妹妹，等等。"

一位中年女性说："我正在将自己从父亲那里完全解放出来——这对他来说是不小的打击；我试着尽可能温和地做这件事，但我不会再受他的控制了……我觉得在很大程度上，它推动了我的生活朝着我想要的方向发展，那就是过一种与自己、与周围环境和谐相处的生活。"

一个 40 多岁的男人说，他一直没什么机会过自己的生活。"我觉得我从被母亲照顾……直接过渡到被我前妻照顾。在我38岁时，我和妻子离婚了。我花了五六年时间才走出那段关系。所以事实上，只有在过去的五六年里，我才开始觉得有空间做其他事情。"

这些例子说明了一些人如何努力挣脱童年的影响，并且这种努力可能会持续很多年。

童年对成人生活的重要性，大致可以通过两种方式来理解：一种是精神分析的方式，一种是存在主义的方式。我们将在下面加以讨论。

精神分析的因果观

这种观点认为，童年时期的某些事件会导致个体在成年后出现这种或那种精神状态。根据这种观点，如果一个人被父母以专制的方式对待，可能会导致他成年后极其依赖他人，并很难自由地表达自己的想法。如果一个人从小遭受忽视，可能会导致他在成年后缺乏爱的能力以及养育的技能。

这个版本的精神分析理论是非常流行的。不过，弗洛伊德本人对这种因果关系的看法是可以商榷的；事实上，精神分析学家们正在讨论这个问题。

精神分析取向的因果观依赖于两个要素：（1）对一个特定的人来说，存在一个童年，也就是说，一个由实际发生的事件和经历构成的固定核心；（2）从这些事件和经历（尤其是创伤经历）到成人生活中的特定状态，有可能得出一条直接的因果线。

如今，许多人都有强烈的需求，想弄清楚自己的成长背景到底是什么样的。有些人想知道父亲或母亲究竟是怎样对待他们的；被收养的孩子和来自破碎家庭的孩子希望澄清一些问题，或者了解自己的身世；受到虐待的人想知道是否发生过乱伦，是否被殴打过或受过其他虐待。他们想知道关于自己过去的真相。为什么会这样呢？这种需要可以被视为上述观点的结果，即人们普遍认为存在一个固定不变的童年，这个童年对成年生活有着因果影响。

童年经历决定了我们成年后的生活和问题，这一观点起源于弗洛伊德的精神分析学。由于纯粹的方法论原因，许多实验心理学家对这一理论是否站得住脚持消极态度。

此外，许多精神分析学家本身并不拥护这个流行的精神分析观点。有些人甚至采取了一种叙事立场，接近于我们下面将要描述的存在主义理论。但这并不能改变这样一个事实，即童年经历决定了人们成年后的生活和问题，这个想法成为当今西方社会最根深蒂固的心理观念之一。

存在主义的观点

这种观点提供了对童年角色的不同理解。每个人都不止有一种童年经验。在记忆的某个地方，我们似乎有无穷无尽的早期经验，它们在原则上都是可获取的。在这些经验中，我们

"选择"记住数量有限的，通常是某些特定类型和基调的经验。

存在主义思想认为，将单向的因果关系附加在人类生命之上是一种扭曲。人类的心理状态和行动的原因，与台球运动的原因并不相同。一个人的心理状态和行动源于他的意图，源于他在这个世界上的需求。在童年经历的虐待和成年后经历的虐待之间，可能存在主题上的相似，但这并不意味着前者导致了后者。也可能是后者"导致"了前者，因为我在工作场所遭受的实际虐待，突然让我从庞大的记忆库中回忆起特定的童年经验。

那么，从存在主义的角度来看，童年的角色是什么呢？童年的角色就是，成年人利用它来定义自己现在是谁。我们都和父母一起经历过好的和坏的时刻，我们都在童年有过快乐和不幸的时光，我们都经历过成功和失败。作为成年人，我们"选择"记住的，是那些符合自我建构或自我定义的内容。如果我认为自己是成功的、乐观的和有能力的，我就倾向于"选择"支持和促进这种自我建构的童年记忆。另一方面，如果我认为自己是一个无能的、不幸的受害者，在童年记忆库中保留的回忆就可能会支持这一看法。

这种观点很自然地提出了一个问题：特定的自我建构是如何形成或加诸个人身上的，这个自我建构又是如何改变或发展的？显然，能够充分解释这一重要现象的理论仍有待发展。

无论如何，人的童年是被诠释过的童年；因此，它可以被重新诠释。不存在不被诠释的童年，不存在固定不变的童年。

但是，如果童年不是一个固定的实体，是什么原因让许多人寻找自己的根，寻找过去的日子，寻找自己的起源？为什么这么多人想要揭示真相，想要了解父母到底是如何对待自己的，想要知道他们是否被殴打、是否经常被放任自流、是否得到了适当的欣赏和鼓励，等等？

　　首先，这种需求可以被看作个人与自己达成和解的方式。与自己和解需要了解和接受自己的生活真相。其次，它可以被看作个人试图与他们人格中分裂的部分接触。成年人通常会有许多不同的情绪和感受，它们可能就像心灵中的孤岛。这些情绪和感受，无论是悲伤、孤独、严厉、体贴、恐惧，还是其他源自人类生活的丰富情感，都可能被包裹在你只能有限地接触到的童年记忆中，但它们本身又极具吸引力。你相信自己正在从过去的生活中提取真相，但你真正渴望的是重新整合自己心灵中分裂的孤岛，让隐藏的情绪或感受重新归属自己有意识的心灵生活。

　　我们对比精神分析的因果论和存在主义观点，当然不是暗示童年经历对个人没有影响。毫无疑问，童年经历会通过许多方式影响后来发生的事情。它们产生影响的方式构成了一个非常有趣的研究领域。正如发展心理学的经典研究，例如斯皮茨和鲍尔比的研究，表明童年经历有时可能会产生持久的不良影响。

　　然而，我们要说的是，对于当今社会的绝大多数成年人来说，认为自己由童年经历所决定是不恰当的。几乎对所有人来说，这是一种普遍流行的信念；我们不约而同地利用它，使自己不必为当前的生活负责，不必认真对待当前生活的挑战。这个信念阻止了我们做出根本的改变；而如果我们真的想要幸福，这种改变可能是必要的。

文化和社会是否决定了现在的生活

另一个缺乏自由的原因可能来自他人和环境的压力。许多人似乎根据周围环境的期望来塑造自己的人生。他们做"别人"通常做的事情，根据其他人的行为来为自己导航。

如果你想过一种与周围环境不同的生活，问题就会变得尖锐起来。你可能想追求特定的兴趣，过一种更平静、更轻松的生活，或者过一种比大多数人都更刺激、更冒险的生活。这是有可能实现的吗？

一位中年幼儿园女教师说，在她人生的早期，她最看重的是外表、金钱、聪明和别人的意见。她的生活几乎完全被外部因素左右。她常常放弃自己想做的事情，心里想着：我不敢，我不应该做这样的事。

今天，她正努力过着自己想要的生活。她相信，外表和聪明的意义是你自己赋予它的。她现在认为：我们拥有的一切都是我们所需要的，而我可以用自己所拥有的为世界作贡献。

在这个例子中，这位女性在第一阶段和第二阶段之间，患上了严重的疾病。有时候，疾病可以促进个体寻找自我的过程。但即使没有重大的外部事件，也有不少个体发展自我的例子，其中人格的内在塑造取代了外在环境的压力。下面就有一个这样的例子：

> 一位40多岁的女职员描述说，现在她比以前更能做自己了："这也是年龄的原因……在某些事情上我变得更勇敢了……对自己更有信心了……我以前总是关注别人对我的感觉和想法。我记得有一次，我去孩子的学校开家长会，为了显得更严肃，我擦掉了指甲油，换了衣服。今天我已经不在乎了，别人想怎么看我就怎么看我！"

社会在多大程度上塑造了个人，这是社会学和社会心理学的一个基本课题，许多社会学大师都曾对此进行了分析，尤其是卡尔·马克思和埃米尔·涂尔干。此外，最近的文化批评也描述了现代人如何根据匿名大众来为自己导航，根据市场力量来塑造自己的人格，或者如何自恋地发展成周围世界的镜映[①]。

存在主义思想家也讨论了这个问题。海德格尔提出了一种

---

① 根据拉什的观点，现代西方文化是自恋的文化，自恋者需要通过他人来确认他的自尊心，他的生活离不开众人的目光，对自恋者来说，外部世界是一面镜子。参见拉什著，《自恋主义文化》，上海译文出版社2013年版。——译者注

关于匿名他人的哲学理论，他称之为"常人"；也就是说，他人是一个非个人的实体，是一个群体。

海德格尔注意到个体经常赋予他人以权力。他不是指具体的他人，而是抽象的他人。他谈到了"他人的独裁"，认为他人是规定了正确的行为和存在方式的"常人"。海德格尔说道，常人怎样享乐，我们就怎样享乐；常人怎样阅读、评判文学艺术，我们就怎样阅读、评判；同样，常人怎样从"大众"中抽离，我们就怎样抽离；常人对什么感到厌恶，我们就对什么感到"厌恶"。在日常生活中，我们与"常人"在一起，并受制于"常人"，一个非具体的他人。"在这种不显眼和不明确的情况下，'常人'展开了他的真正独裁。"

怀疑者可能会问，过"他人的生活"，遵循风俗习惯，遵守惯常做法，有什么错吗？为什么跟随群体或社群，照着别人的样子做，是错误的呢？

在这里，海德格尔指出，"常人"并不承担责任。"常人"只是假装能够在任何事情上表明立场，能够宣称该做什么，但"常人"不会负责，因为它根本不是一个人。海德格尔说，哪里有"常人"，哪里就没有人。此外，"常人"所有的话语都带有平均性和局限性："常人"总是对的，但"常人"不涉及任何特定的人或任何特定的事。

根据海德格尔的观点，所有人都处于从一开始就追随匿名他人的生活情境中。但是，人类并没有被迫让自己陷入忙乱的"常人"活动。我们有可能走出"常人"的处境，去发现新的可能性并追求它们。事实上，个人能够把握自我，建立自己的航线。这就是海德格尔所谓的本真生活。

因此，对于文化和社会是否决定了个人这个问题，答案是：不一定。除非你自己让文化和社会这样去做。在平常的情况下，每个人都有选择的余地。而在关键的时刻，人类也有机会选择站在哪一边。这就涉及了我们将要讨论的关于责任的存在主义观点。

我们能否接管自己现在的生活

如果想打破童年和社会对你当前生活的影响和限制，成为一个自我决定的人，一个关键的词是：责任。什么是负责地生活？当你不得不权衡两个选择时，你要选择更适合你的那一个。它更适合你，意味着它更符合你的基本生活价值观，更符合你的人生目标或使命（见第 7 章）。

那么，当你面临不同的选择时，如何找出哪一个更适合你呢？例如，我应该买这套公寓或这辆车吗？我应该和那个人一起环球旅行吗？我应该与这个人结婚吗？我应该申请那份工作吗？我应该在周末帮助那个人吗？我应该给慈善机构捐款吗？我应该邀请这个人喝咖啡或去电影院吗？我应该尝试跑马拉松吗？我应该戒烟吗？我应该学习登山吗？我应该尝试怀孕吗？

最合适的答案将触及你深层的人生价值观，你可能需要询问自己这样的问题：如果我这样做了，当我明天照镜子的时候，我会更喜欢自己还是更讨厌自己？如果想象一下5年后的自己和生活方式，并回顾今天所做的选择，那时我会为自己感到骄傲和快乐，还是感到痛苦和后悔？

当你设法回答这些问题时，你就在承担责任了。责任这个词字面上意味着回应的能力。当你承担责任时，你便在回应生活对你提出的各种要求。你可以去感受并承担对自己、对他人以及对世界的责任。下面，我们将依次讨论每一种责任。

对自己生活的负责

萨特认为，责任是"意识到自己是某件事的无可争议的发起者"。萨特接着说，抱怨是毫无意义的，因为没有任何来自外部的东西可以决定一个人的感觉、生活或身份。如果你身处特定的情境，那是因为你选择了这种情境。你总是有可能摆脱这种情境，或者以某种方式改变它。

没有不可改变的情境。有时候，无法改变周围的环境，但在这些情况下，你可以改变自己的反应，从而改变你向环境发出的信号，进而改变情境本身。

对自己的生活负责，意味着承认你的生活方式，承认你的选择和疏忽。但这里也有另外一层含义。从最基本的意义上说，你创造了自己居住的世界。在一个非常重要的程度上，你的所见、所感和所想都来自内在，即使它看似来自外在。当你观察一棵树或一个人时，你看到的主要来自内心。不同的人在同一棵树或同一个人身上，会看到非常不同的东西。因此，如果我"看到"一棵美丽的树，一个可怜的孩子或一个讨厌的老板，事实上这些内容大多来自我自己。我所见的是我对所遇现象的"加工"。个人建构或（与对象）共同建构了他们的世界，然后使它看起来好像独立于这种建构。

因此，对自己的生活负责，就意味着我要意识到，我在世界上的哪些地方设置了自己的特殊模板。我看到和谈论的"恶意"现象，也可能传播成为他人的成见和偏见。我看到的"优美"风光，也可能传播给同事、朋友和邻居，而这对他们可能毫无益处。你能为他人做的最好的事情，就是承认你对自己所谈论和所处的世界的添油加醋。

亚隆描述了一些逃避责任的常见机制；它们是个体为了不对自己的生活负责，而采用的常见反应方式。

一种常见的形式是亚隆所说的强迫性。个体感觉自己长期受到外部力量的支配。这些人从早到晚听从大家的召唤，试图满足每个人的需求，以此来安排自己的生活。他们没有花时间去感受自己真正想要什么，也没有思考自己真正为什么而活。

另一种形式是亚隆所说的责任转移。这种反应方式经常出现在咨询和治疗的面谈中，也会出现在全科医生和护士的诊察室以及教学中。求助者并不认为最有效的帮助是"助人自助"。相反，他们把责任转交给与其交谈的专业人士，并希望后者提出并实施解决方案，这样求助者就不必自己做任何事了。

亚隆还谈到了否认责任的形式。举个例子，有些人认为自己是某些事件的无辜受害者，尽管他们实际上与这些事件有关，并且有机会改变这些事件。因此，许多人深信，是他们的配偶、老板或同事刻薄、控制欲强或以自我为中心，而他们自己很完美，不应该受到责备。他们不明白，刻薄、控制欲或以自我为中心的行为总是在关系中发生，他们在这段关系中也有自己的责任，因此有机会改变它。

  人们为什么要如此费尽心思地逃避责任，这仍然是个谜。如果承认我们是自己生活的作者，会发生什么呢？事实上，它只会让我们接受自己的生活，与自己和平相处。

  歪曲的责任概念无处不在。承担责任和负责地生活，并不等于整天忙着为别人服务，并不意味着自我牺牲和无私忘我，不意味着狂热地确保每件事都做对，也不意味着悔恨地沉思世界上的所有问题。

  负责地生活，是与这个世界自由和开放地相遇，是承认你自己现在的样子，承认你现在所处的位置，自由地呼吸，正视眼前事物，活在此时此地。负责地生活，是在尊重自己、尊重他人和尊重自然及世界之间找到平衡，并且心平气和地做到这一点。

对他人负责

  负责地生活，不仅仅是承认你自己的现状，还包括随时向他人伸出援手。让我们试着阐释为他人服务到底意味着什么。

  加布里埃尔·马塞尔提出了在场（presence）和可用性（availability）的概念。他写道："这是一个不可否认的事实，在我们痛苦或需要向他人倾诉时，有些人会表现出自己的'在场'——也就是说，听凭我们的差遣——而有些人则不会给我们这种感觉。"马塞尔继续解释说，为什么有人非常细心和认真，但仍然给我一种不完全在场、不是真正陪伴我的印象。他写道，这样的人不能"在他心中为我腾出空间"，因为他不是在奉献自己，而是拒绝把自己交给我。"在场，"他继续说道，"是立即就会显现出来的东西，它就在一个眼神、一个微笑、一种语气或一次握手中。"

其他的存在主义学者也表达了类似的观点。师从海德格尔的克努兹·勒斯楚普曾表达过一种对待他人的理想态度。他说，每当一个人遇到另一个人，他就"把对方的生命握在手里了"。"把东西握在手里"是指一种相对罕见的情况，即你完全决定了某种关键情况的结果。因此，根据这个观点，如果你遇到另一个人，你应该意识到，你所说的和所做的，可能对对方有决定性的影响。因此，你应该始终认为，你手中握着对方的生命。

这些话语道出了一个人对他人可能表现出的特定态度和品质。受海德格尔的启发，罗洛·梅尝试用关怀这个词来限定这种状态。根据梅的说法，相对于冷漠和无情，关怀意味着某人或某事对你是有意义的。关怀是人类温情的源泉，也是人类生活的基本特征。我们在关怀中生存，并给予他人关怀。人类的生活不能没有关怀。

罗洛·梅说，当今社会的关怀变得稀少了。情感冷淡、漠不关心和缺乏承诺变得猖獗。但是，我们需要区分真正的关怀和虚假的关怀（或多愁善感）。多愁善感是考虑自己的感受，而不是体验这种感受所指的对象。多愁善感的人认为，我有这种感受，并沉浸在其中；也许我想和别人分享，谈谈我的感受。而关怀他人和负责任的人则会将其感情导向对方，并对这种感情所指的对象保持在场。

区分真正的关怀和虚假的关怀非常重要。一些专业人士似乎相信，如果他们不能让病人或学生谈论自己的困境，那么这里就出了问题；这种态度不是真正的关怀。真正的关怀是让对方是其所是，尊重对方的愿望，即使它与你期望的有所不同。真正的关怀是希望对方得到最好的东西，是尊重他的完整性和自主性，而不是将他作为自己的延伸。关怀和对他人负责包含了两个方面：一方面，关爱者为他人着想，为他人服务，为他人付出；另一方面，让对方是其所是，等待，关注，停顿，饶有兴趣地跟随，让对方展现自己。真正的关怀是"行动"和"陪伴"融为一体。

对这个世界负责

人们经常会讨论，个人应该在多大程度上参与全球性的问题。我们担心自然资源的消耗和生态平衡的破坏，是合理的还是多余的？或者，我们有必要担心世界某些地区的战争和贫困吗？

对这个世界负责，意味着我们受到世界其他地区状况的影响。克努兹·勒斯楚普认为，人类生活在基本的相互依赖中，与世界上其他地区相互依存，因此，与世界发生关系是一项永恒的生活任务。

许多人发现很难对整个世界做出承诺。好像全球性问题是势不可挡的。因此，许多人不理睬这个难以应付的世界，转而关注私人生活和私人感情的微观世界。对大多数人来说，要把小的私人世界与大的公共世界联系起来似乎相当困难，而且目前缺乏以建设性的方式做到这一点的模式和例子。有趣的是，通向对整个世界做出承诺（或成为世界公民）的道路之一，很可能是通过存在主义小组工作和成人教育的结合。

然而，我们生活在这样一个时代，人们认为是否关注重大问题并不重要。很多人其实很想做出更多的承诺，只是不知道如何去做，或者没时间去做。他们认为，这样的承诺可能会耗尽自己的个人精力，尽管经验表明情况往往相反：一般来说，人们在参与为民众服务的基层工作时，往往会感到特别兴奋，并会获得一定的能量。

在某种程度上，被动的人们受到一种特定的错误思维的影响。保罗·弗莱雷称这种思维方式为机械的客观主义。他说，持这种观点的人相信，现实在没有人类行为的情况下会自行改变。这些人把人看成受制于世界变化的棋子。他们不认为人类能够改变世界，或在历史变革中起决定性作用。

弗莱雷说道，你不能以脱离构成世界、生活在世界中、创造世界的人类的视角来观察这个世界：人类和客观世界是辩证关系中的两极。"两者作为未完成的产品在一种永恒的关系中相结合，在这一关系中，人类改造世界并承受其改造的影响。"

但是，我们怎样才能接受并牵制全球发生的事情呢？马萨诸塞大学压力诊所的卡巴金称这是应对"世界压力"的挑战。他写道，"为了对大环境的问题产生积极的影响，我们需要不断地调谐和再调谐，以对准自己的内心，在我们的个人生活中培养觉察与和谐"。他提醒我们注意报纸和电视所传递的信息的数量和质量，并意识到它是如何影响我们的。他还建议我们确定自己要关心的具体问题。卡巴金建议道："去做一些事情，即使是非常小的事情，往往也会帮助你感到自己有影响力，感到自己的行动有价值，感到自己与更大的世界以有意义的方式联系在一起……由于你是更大的整体的一部分，因此，为外在世界的疗愈承担一些责任，也可能会产生内在的疗愈。"

第 7 章

混乱与意义

生活的目标、意义和价值

现代人的生活没有预先确定的意义。现代人会不时地发问，自己到底为什么而活？他们反思自己生活的价值，思考什么才是最重要的。

在 50~100 年前，每一件事都有固定的意义。事件的意义被口口相传，每个人的疑惑都会得到解答。每当危机来临时，牧师、家人或邻居可以解释到底发生了什么，并告诉不幸的受害者如何应对。生活的规则和意义，预先贮藏在我们的文化模式中。

然而，对于我们这个时代的人来说，生活的意义是一片真空，必须由我们自己去填补。如果人们无法填补这一真空，就会出现抑郁甚至自杀的风险。我们的文化提供了许多赋予存在意义的方式，但每个人必须选择一种方式来建构自己生活的意义。只有当人们带着信念和承诺来完成这项任务时，他们的生活才会获得一致性。

因此，现代人面临着一个艰难的困境：如何找到或建构一种没有事先给出的意义。这个困境涉及了两个方面：一方面是寻找、选择生活的目标和意义，并将自己投身其中；另一方面则是陷入绝望、无意义和一种无所谓的状态。

那么，我们应该如何寻找或创造生活的意义呢？为什么它对有些人来说轻而易举，而另一些人却只能看着自己的生活分崩离析？答案是，当一个人能够看到生活中各种事件的模式或目的时，生活对他来说就是有意义的。相反，当这些事件看起来支离破碎，无法发现它们背后的意义时，生活就会陷入空洞。

生活意义涉及人们拿什么来填充自己的生活。生活意义为个体的生活提供了形式和方向。一个相关的概念是生活目标，它是指人们努力争取和靠近的对象。一个人的生活目标可能是成为一名演员。在这种情况下，参与充满激情的表演并分享其艺术成就，将为这个人提供生活的意义。

生活的目标和意义取决于每个人更基本的生活价值。生活价值是指构成个体生活基础的特定愿景。例如，爱可以是一种生活价值。受到这种生活价值启发的人，会开始追求某种具体的生活目标，比如寻找伴侣和建立家庭。

你的生活有什么目标和意义

当人们被问及有何生活目标时，他们的答案可能相去甚远。我们从研究项目中得到了一些典型回答，见表 7-1。

表 7-1 生活目标示例

你会如何描述你的生活目标？
艺术家，男，67 岁：
1. 工作进展顺利；

续表

2. 找到一位有共鸣的伴侣，可以一起旅行并分享各种经历；
3. 买一辆帅气的跑车——我喜欢疯玩，我酷爱跑车。

店主，男，46 岁：
1. 家人平安无事，身体健康；
2. 保持目前的安定，不发生任何意外。

中学教师，女，46 岁：
1. 在人际关系中变得更加外向；
2. 能够感受到更多的自由；
3. 做更多真正想做的事情，而不仅仅是因为责任。

护士，男，25 岁：
1. 即将出生的孩子身体健康；
2. 在乡下有一间亲近自然的房子；
3. 不会为钱发愁；
4. 去国外旅行，认识其他人；
5. 家人和朋友健康长寿；
6. 自己过得好，没有疾病，健康长寿。

这些回答有一些引人注目的方面。首先，这些人陈述的目标迥然有别；有人希望获得某些东西，有人希望发展某些特质。其次，人们回答的语气也各不相同；这些话语反映了每个人的个性化语言。再次，他们所说的目标数量也不尽相同，这可能反映了受访者的年龄以及他们对生活的渴望程度。最后，这些简短的回答似乎反映了每个人的一些重要信息；就好像，在陈述我们的生活目标时，我们表达了自己的某些核心方面。

生活目标问卷

许多心理学家尝试找到一些方法来描述各种各样的生活目标。通常，调查问卷可以让我们对这些目标进行比较，以此作为研究或者个人反思的基础。当然，这里也存在一种风险，即问卷并不能真正抓住个人生活的本质。不过，如果处理得当的话，问卷可以帮助你了解自我和了解他人。

在表 7-2 中，我们呈现了作者设计的一份生活目标问卷。

表 7-2 生活目标问卷

如果我不能在这一生完成所有的事情，那么最重要的事情是什么：（根据重要性为每一项标上数字，1 代表最重要，以此类推）

1. 在工作上有所成就 ....□

第 7 章 混乱与意义

续表

---

2. 拥有良好的物质条件和经济基础 ☐
3. 拥有美满的家庭生活 ☐
4. 拥有丰富的经历（自然、旅行、艺术、友谊等）☐
5. 对社会有所贡献，尽力让世界变得更美好 ☐
6. 依据更伟大的宗教或精神观念来生活 ☐
7. 远离重大的疾病和灾祸 ☐
8. 根据内在自我和谐发展 ☐
9. 发展智力并获取新知识 ☐
10. 对他人有用并帮助他人 ☐
11. 有尊严地接受自己的命运 ☐

举个例子，我们可以来看一位56岁的律师提供的答案，他是一个已婚男子，子女已成年，工作与社会政策方面有关。从他填写的问卷可以看出，与工作、物质条件和个人经济有关的目标，在他的生活中排在相对靠后的位置。另一方面，家庭生活、对他人有用以及对社会作贡献的愿望，则占据了靠前的位置。

不同的职业群体倾向于以不同的方式来完成这份问卷。以护士为例，她们的目标往往是和谐地发展自己，拥有美满的家庭生活，对他人有价值。其他的职业群体则会表现出不同的特征，尽管其中存在个体差异。

年龄因素也很重要。那些年轻人，比如学生，往往会追求丰富多彩的生活。而年龄大一些的群体，往往更重视温馨的家庭生活。一些老年人则会考虑他们的知识发展或宗教需求。

调查问卷还能揭示一些关系问题。在一次研讨会上，一位女性要求她的丈夫也完成一份问卷。令她惊讶的是，这个练习让她明白了他们为什么总是意见相左：他们的生活价值观相去甚远。

人们持有的生活目标和更基本的生活价值，可以从他们完成的这类问卷中收集。但是，是否有可能创造一个理论体系，以系统的概述来呈现人类的生活价值呢？美国著名心理学家戈登·奥尔波特就曾做出这样的尝试，他把我们基本的生活价值整理分类，加以概述。

奥尔波特的理论

根据人们为什么而活，奥尔波特把人分为6种类型。

理论型的人活着为了发现和揭示真理。对理论家来说，生活中最重要的事情就是寻求知识和理解，或者以某种方式向别人展示通往真理的道路。研究和教学是这类生活目标可以优先考虑的职业。其他职业群体也可以在这方面发展自己的业余爱好。

经济型的人以事物的效用为导向。对这类人来说，重要的是事物的用途及其经济价值。为了创造利润，最重要的是看到自己业务或存款的增长。商业领域的职业提供了在生活中发展这种导向的机会。

审美型的人以事物的和谐为导向。对这类人来说，美才是最重要的。生活被视为对各种事物的感受和享受。艺术家、建筑师、工匠或设计师等职业可以实现追求美的生活。在其他职业群体的闲暇活动和家庭生活中，审美维度也可以扮演重要的角色。

社会型的人把友爱和亲近他人作为最重要的生活价值。这类人想要对别人有用并帮助他们。护理职业以及卫生和社会部门的许多其他职业，为实现这种生活价值提供了机会。但许多其他人，包括家庭主妇、失业者、志愿者和活跃在草根组织的人，也有充分的机会发展这种社会导向。

政治型的人对权力感兴趣。对这类人来说，重要的是能够将自己置于高位，并对他人施加影响。政治家的职业以相对纯粹的形式，提供了追求这种生活价值的机会。但是，许多其他职业以及机构中的志愿工作，也为培养权力兴趣提供了足够的空间。

宗教型的人寻求与超越日常世界的事物合一。这种追求的形式可能是坚持某种特定的宗教习俗，也可能是寻求某种不太明确的精神形式。在教会范围内的职业，比如牧师，可以提供机会来实现生活中的这一维度。业余活动中也有非常广阔的范围——从教会的志愿工作到瑜伽练习——可以提供一个寻求精神性的框架。

有些人似乎就是奥尔波特所确定的某个类型，但许多人还是代表了多种类型的混合。例如，创办公司的大学教师，设计教堂的建筑师，参与工会活动的护士，等等。

弗洛姆的理论

正如我们看到的，奥尔波特区分了六种价值类型，并将它们放在平等的位置上。他没有认定一种类型比另一种类型更有必要或更有价值。也许，在他看来，这六种类型都对维护和发展和谐社会有着重要贡献。又或者，他认为这六种生活方式属于一种自然秩序，应该受到尊重，就像我们尊重不同的物种一样。

但是，这些生活价值真的是同等重要吗？挣钱和追求精神满足具有同样的价值吗？追求美和追求爱同样珍贵吗？或者，我们回到那份问卷，根据内在自我和谐发展和在工作上有所成就同样重要吗？对于这个问题，我们有三种不同的观点。

中立的观点坚持一种平等价值的原则。一个信奉某种生活价值的人不能评判另一个碰巧做出不同选择的人。没有人可以声称某种生活目标或生活价值更具优越性，或者宣称一种生活方式比另一种生活方式更有价值。

承诺的观点可以在萨特的著作中看到，也见于克尔凯郭尔所谓"选择是一种飞跃"的概念。根据这一观点，重要的不是某个特定的选择；一个人可以为他的工作而活，也可以为获得内在和谐而努力。重要的是，这个人要对自己所选择的生活方式有所承诺。那些全身心投入工作的人，是以一种真诚的方式在工作；而那些在工作中三心二意的人，往往会与工作有某种程度的疏离感。

必要性的观点认为，就我们这个世界的需要来说，某些目标应该被优先考虑。因此，人们不应该仅仅根据自己的喜好完全自由地选择。事实上，并非所有的可能性都同等重要。在我们这个时代，周围世界的处境可能是这样的：一些生活方式应该被优先考虑，而另一些生活方式应该被鄙弃。

这就是弗洛姆在《占有还是存在》(*To have or to be?*)一书中提出的观点。弗洛姆呈现了两种截然不同的生存模式供我们思考：一种倾向于占有和拥有，另一种倾向于存在和生活。他指出，一些普通的日常活动，比如学习、记忆、交谈等，会根据它们采取哪种模式而改变性质。当占有模式占主导地位时，对他人的爱往往表现为设定限制，并试图占有和控制对方。在存在模式下，爱的行为会采取一种不同的形式；双方会享受在一起的时光，互相给予和互相激励。

弗洛姆认为，在以获取、拥有和产生利润为己任的社会中，占有模式大行其道。占有对方，不仅包括了一个人的财产，还包括一个人的姓名、身体、社会地位、知识和家庭。这种生存模式指向的是某些固定的、可描述的东西。

另一方面，存在模式指向的是活生生的经验。根据弗洛姆的说法，存在模式涉及了向世界敞开自己，并放弃任何利己主义的倾向。

鉴于人类的本性，这两种生存模式都是可能的选择。弗洛姆坚持认为，在促进存在模式的同时，我们有充分的理由限制占有模式的影响。除非人们的习惯能够从占有模式转向存在模式，否则全球性的环境灾难将威胁到我们所有人。弗洛姆写道："有史以来第一次，人类肉体的生存将取决于人心的根本改变。"然而，他补充道，只有在经济和社会环境发生变革的情况下，人心才有可能改变。

其他作者也有类似的想法，试图澄清全球意识与人类发展的心理学理论之间的关系。根据法国哲学家和社会学家埃德加·莫林的观点，如果我们想要避免全球性灾难，就必须对个人的思维模式施加影响。但是，在个体层面重新定位的同时，社会结构也必须发生改变，必须使整个社会更加人性化，更符合弗洛姆所认同的存在模式。

巴西存在主义思想家保罗·弗莱雷在其教育理论中也认为，个人的心理和社会结构必须经历一个互动和同步的变化过程。我们有必要在团体的微观层面上，相互尊重，建立开放性和探索性的讨论形式；也有必要在社会和国家的宏观层面上，减少暴力和剥削的发生，促进包容性和一致性。

让我们回到一开始提出的问题。一种生活的价值和意义是否与另一种生活一样好？根据奥尔波特的观点，这个答案似乎是肯定的。在面对价值判断时，我们应该保持中立。我们应该尊重人类倾向的自然差异。然而，根据弗洛姆、弗莱雷和莫林等人的观点，答案似乎是否定的。当然，每个人都必须考虑自己的能力、倾向和选择。但是，每个人也应该考虑全球的生存环境，我们需要建立一个更加人道的社会。

生活的目标和意义会变化吗

生活阶段理论

不同的生活目标和价值是否只属于特定的生活阶段？还是人们追求的生活方式与他们的年龄无关？

人们常说，年轻人有自己的行为方式，比如喝得烂醉、行为愚蠢或怪异。而老年人也有自己的行为模式，比如絮絮叨叨个不停，或者平静地接受不幸。不过，如今人们已不再被视为理所当然认为，某种行为习惯只适合特定的年龄群体。表7-2中调查问卷的答案表明，生活目标确实会随着年龄的增长而变化，但并不会遵循任何标准化的公式。例如，有些人认为，当孩子长大离家时，美满的家庭生活就画上句号了；而另一些人的目标则是，在余生享受美满的家庭生活。对一些人来说，增长知识的目标属于20岁出头的年纪；另一些人则在50多岁时把它作为优先事项。

一些心理学家建立了关于生活目标和价值变化的理论。例如，布勒和荣格都提出过这样的理论，我们在第3章也有所阐述。布勒和荣格都表达了一个观点（荣格率先提出）：在生命周期的中年阶段，人们往往倾向于评估自己的生活。这种评估可能在危机中展开，然后将决定接下来的生活进程。荣格认为，个体的发展（即自性化的过程）由两个主要阶段组成，分别对应于一个人的前半生和后半生，通常由所谓的中年危机连接起来。一个人在后半生追求的生活方式，可能与他的前半生截然相反。

布勒将生命周期分为 5 个阶段，每个阶段对生活目标有不同的关注。比如，15~25 岁是一个阶段，在这个阶段，人们寻求并做出关于生活目标的初步决定。下一个阶段是 25~45 岁或 50 岁，在这个阶段，人们的生活目标变得越来越具体和明确。接下来的阶段是对迄今为止的生活进行评估，这可能会导致个体在余生改变方向，以确保还有机会去实现重要的目标。

克尔凯郭尔也提出了关于生活阶段的理论，在《人生道路诸阶段》(*Stages on life's way*, 1845) 一书中有清晰的表达。在这本著作中，他确定了个人与世界联系的三种方式，并以富有同情的洞察力对每种方式进行了描述，这种洞察力至今仍然不同寻常。这三个阶段分别被称为审美阶段、伦理阶段和宗教阶段。在克氏看来，这些阶段可能在个人生活中相继出现。每一个接下来的阶段都代表了一种更觉醒的生活形式。克氏的生活阶段理论被认为对世界文学和哲学做出了重大贡献。它们还代表了一种心理学理论，但奇怪的是，这个理论似乎从未得到实证研究。

弗兰克尔的理论

布勒和荣格的理论并没有告诉我们，在生命周期的哪个阶段倾向于追求什么样的生活目标。奥地利的存在主义精神病学家弗兰克尔在这方面做出了重要贡献。

在弗兰克尔看来，人类的主要驱动力是对意义的追求。他将这种追求的精神描述为"追求意义的意志"；他指出，人们愿意为这些理想和价值出生入死。弗兰克尔利用大量案例研究来证明这一事实，即追求意义的意志有时会比弗洛伊德所描述的本能驱动力产生更大的影响。在弗兰克尔看来，人的意识从来都不是完全受环境影响而形成的。用他自己的话来说："人不是众多事物中的一种；事物彼此决定，但人最终是自我决定的。在天赋和环境的限制下，他成为什么样的人，是他自己造就的。"

人们通过实现价值来实现个人的存在。活着就是追求生命的意义，为重要的目标而奋斗，实现某种价值。通常情况下，人们会试图实现什么样的价值，从而为其生活赋予内容和形式呢？弗兰克尔为我们指出了三种不同的价值。

创造性价值（creative values）是在建设和给予等一系列活动中实现的，是人们在家庭生活和工作领域中追求的。这种价值具有扩张性，倾向于建立和扩大个体的世界。

体验性价值（experiential values）实现于个体向世界敞开自己的能力，以及融入自然、欣赏艺术和爱的能力。实现这样的价值，就要过一种体验丰富的生活。这种价值具有接纳性，让个体拥抱整个世界。

态度性价值（attitudinal values）体现于个体能够让自己面

对受限的环境、痛苦的现实，以及在残酷命运面前的屈服。这种价值在个体面对疾病或死亡时会发挥作用。当我们不得不放弃一些未能实现的目标时，我们也会召唤这种价值。因此，接受我们的命运并在其中寻找意义，本身就成了一项任务。根据弗兰克尔的说法，人的生命直到最后一秒都保留着它的意义。当然，只要有可能，我们会优先实现更积极的价值。与痛苦相关的态度性价值，只有在迫不得已的情况下才会考虑："因此，一个人承受命运有两方面的含义——在可能的地方创造，在必要的地方忍受"。

弗兰克尔对这三种生活价值的描述，总结了我们这个时代人们的生活目标。每一种价值有其独特的性质，似乎与人类心理的特定功能相对应。按照弗兰克尔的理解，每种类型倾向于按照特定的时间顺序发挥作用。通常的模式是，人们在年轻时尝试实现创造性、扩张性的价值，努力通过工作和建立家庭来塑造自己的存在。在后来的生活中，人们更倾向于实现体验性价值，比如享受自然、艺术以及爱的感觉。到了生命的最后阶段，当命运变得不那么友善时，人们面临的任务便是实现态度性价值，在苦难中寻找意义。

当然，这种特定的事件顺序可能相对常见。但是，若认为事件必然按照特定的顺序发生，似乎不太合理。例如，如今有许多年轻人无法在教育系统或职业场所找到自己的位置。在这种情况下，他们就会倾向于将自己的生活导向体验性价值。而最初以这种方式开启成年生活的人，在他们生命的后期阶段，很可能会追求创造性、扩张性的活动和价值。还有相当多的儿童和青少年，可能由于严重的疾病，不得不在生命的早期寻找应对痛苦的方法；因此，在这些年轻人寻找其他价值之前，所谓的态度性价值可能就会优先发挥作用。

考虑到这些保留意见，弗兰克尔的理论就可以被全部接受了。这个理论的优点在于，它包括了人们在生活中实际追求的各种类型的目标。这一理论还表明，当人们努力在自己的生活中实现某一种价值时，这个过程似乎涉及了他们心理的相应发展，涉及了一种新的存在方式。

重大事件改变生活的目标和意义

在人生的正常过程中，生活的目标和意义确实会发生变化。但是，如果一个人的生活突然受到外部环境的影响，生活的意义会随之变化吗？如果突然遭遇事故、重病或亲人死亡，一个人的生活目标会发生什么变化？我们在第4章分析了危机现象，但其他重大的生活事件也会对生活意义产生特定的影响。

外部环境的突然冲击可能会以两种方式影响一个人：一方面，一个人的生活方式和活动模式可能会因此停滞不前，仿佛被冻结在时间中；另一方面，个人的发展也可能会发生强化。很难说冻结的反应与发展的强化相比有多频繁。但是，后一种反应绝非罕见。它涉及了某些具有特定心理学意义的过程。请看下面这个例子，一个健康状况良好的人和另两个身患重病的人对生活意义做出了回答（表7-3）。

表 7-3　生活的意义示例

你如何描述自己生活的意义？

店主，55 岁，女性，身体健康：

　　我们来到这个世界上，是为了完成这样或那样的事情，让我们在生命结束时不会感到羞耻。我们都必须完成一些事情。有所成就是人生的关键，要做一份体面的工作。

护士，41 岁，女性，身患重病：

　　首先，作为一个人，我生活在世界上的意义就是"在这里"，能够接受并给予爱。然后，对我个人来说，我认为意义在于能够传递我的一些经验。

项目经理，44 岁，女性，身患重病：

　　我想努力使世界成为一个更美好的地方——为儿童和青少年塑造更好的生活，使他们能够与自然和地球和谐相处。我觉得对自己对教育、社会和环境都负有责任。我希望能够把我的一些经验传递给同龄人。我想，很多我这个年纪的人都任由自己的生命流逝，而没有尝试去影响什么。然后，我想给我的孩子们一个真正美好的人生开端，这样他们以后就会有幸福的生活——他们会对自己的生活感到满意，会为自己所做的事情承担责任。

身体健康的人与身患重病的人答案大有不同，这并不稀奇。他们的回答不仅在内容和详细程度上不同，而且在风格和语气上也倾向于不同。重病患者的生活意义往往聚焦于他们与亲人的关系，以及他们与自己和周围环境的关系。在他们的回答中似乎有一种特别的风格，即倾向于更加内省和更加反思；传递经验和价值的愿望变得至关重要。这可以被看作在生病的经历中寻找意义的一种方式。

生活阶段是事先安排好的吗

在思考布勒、荣格、弗兰克尔和克尔凯郭尔等人所描述的生活阶段时，一个重要的问题出现了。如果生命周期在走向人生的结尾时，会通往一个更高级的阶段，那么有意识地努力更早达到这个更高级的阶段，是否是个好主意呢？对弗兰克尔来说，这涉及将态度性价值与创造性价值、体验性价值结合起来；对荣格来说，涉及将内向性价值与外向性价值结合起来；对布勒来说，涉及更早尝试同时实现不同类型的生活目标；对克尔凯郭尔来说，则涉及更早地肯定一个人的精神性存在。

换句话说，你应该摆脱自己当前的层次，努力达到一个更高的阶段吗？还是应该在较低的层次上充分生活，然后自然地过渡到下一个阶段？例如，只要克尔凯郭尔所谓的审美阶段持续存在，我们就应该在这个层次上充分生活？既然生活的其他维度会在合适的时机自行出现，那么弗兰克尔确定的创造性价值是否应该被优先考虑？

荣格的回答可能是，生活应该在人们恰好发现自己的那个层次上进行。没有什么技巧可以让人们跳到下一个层次。每个阶段都必须根据其内在性质而充分地经历。然而，这种观点似乎暗示了一种片面的生活方式。相反的观点可能会建议一种平衡的生活方式，在一生中寻求将工作和家庭生活、智力和艺术兴趣、外向和内向活动结合起来。这种观点建议个体始终保持平衡的生活。当然，很难说这两种观点中哪一个更值得称赞。它们似乎在本质上有很大的不同；而且到目前为止，似乎没有任何存在主义理论或实证证据支持其中一个优于另一个。但欣慰的是，至少我们提出了这个问题。

生活价值：跨文化视角和全球化世界

生活的价值和意义会因你所处的文化或亚文化而大相径庭。我们之前提到过奥尔波特所谓的 6 种生活方式。虽然它们各不相同，但在 20 世纪的美国社会都很常见。如果你观察世界上的其他文化，可能又是另一番景象。

在这个世界上，我们目前看到两种截然不同的发展趋势，它们相互制约和平衡。一个是全球化的趋势。这一趋势使地球上的所有人在生活价值这个问题上更加相似。尽管通过电视和其他媒体，可以看到世界上富人和穷人之间差异越来越明显，但与此同时，富人和穷人也越来越多地分享着同样的生活价值和目标。越来越多的人想要同样的物质商品，同样的汽车，同样的衣服，同样的手提袋，同样的手表和手机。

另一个趋势是文化多样性和文化冲突。由于世界各地的联系越来越紧密，人们为了工作或娱乐越来越多地迁移或旅行，我们在不同的文化之间看到了更多的碰撞和冲突。特别是近年来，不同的宗教团体之间，以及世俗价值观和某些宗教价值观之间屡有冲突。此外，许多社会中的少数群体也在为他们想要的生活方式而奋斗。

这两种趋势都对当今时代的人们有着重要影响，包括他们的生活价值、他们选择的生活目标，以及他们寻求的生活意义。

全球化趋势为一种统一的文化和生活方式铺平了道路，这种文化高度重视消费和获取物质财富，它已经威胁到了地球的生态平衡。

特殊化趋势以其对文化身份和文化意识的强调，为持续的文化多样性铺平了道路，但它也给许多个体带来了问题，这些个体想要一种个人选择的生活方式，追求一种反思和智慧的生活。在跨文化咨询和治疗中，这些问题有时非常突出。

因此，在我们这个时代，真正需要的是存在主义反思，思考哪些价值才是真正值得为之而活的。无论在团体中，在家庭中，在朋友之间，还是在我们整个社会生活中，都需要进行这种存在主义反思。我们需要反思全球化的物质主义，也需要反思特殊化的教条主义。

根据生活价值重新定向人生

有些人拥有明确的生活目标。当从事日常活动时，他们知道生活的意义是什么。这些人可能会遇到幸运或不幸、成功或逆境、大小小小的问题，但他们对自己所做的事情、所过的生活，从来不会感到怀疑。他们知道自己来这里的目的。

但对另一些人来说，事情远没有那么简单。他们完全不清楚自己的生活是怎么回事。生活的意义只是偶尔被瞥见。甚至对有些人来说，生活的意义完全消失了，以至于他们觉得人生索然无味。

当你还没对生活目标做出首次选择时，这种无意义的感觉可能会如期而至。例如，20岁出头的年轻人，如果经历了教育系统的洗礼，却没有遇到真正决定自己未来的挑战，可能会开始觉得生活枯燥无味。一些社会学家在这里谈到了驯化的问题。教育机构可能驯化了我们的年轻人，使他们变得顺从、温驯、缺乏主动性。

在面对突如其来的丧失或其他创伤性事件时，我们也可能会产生相应的无意义感。对一些人来说，生活可能会在某个时刻变得毫无意义。在思考自己为什么要活下去时，他们可能会出现自杀的想法。

当面对一个看不到生活意义的人时，一个重要的问题出现了。我们有可能帮助那个人找到或重建生活的意义吗？每个人都可能会遇到这样的情况，无论是在忙碌的职场，还是在与朋友或家人的相处中，或者只是在街上遇到某个人。那些在医疗部门和社会服务机构工作的人，会更经常遇到这种情况。了解减轻这种无意义感的技巧和方法，可能对专业人士也有个人的好处，尤其是当他们自己的生活意义逐渐消失时。弗兰克尔描述了尝试帮助另一个人寻找意义所面临的挑战。弗兰克尔认为，存在性真空（existential vacuum）是我们这个时代的一个突出的心理问题。这是一种内心空虚的感觉，感到自己身处一个没有价值和意义的空间，不知道什么东西可以使生活更有价值。

作为解决这种困境的技巧，弗兰克尔介绍了一个特别的概念，即生活任务。每个人无时无刻不面临这样的任务，无论他们是否意识到这一点。通过这个概念，弗兰克尔帮助对方重建他们的意识。他颠覆了我们看待生活的惯常方式，并称这种谈话技巧为"哥白尼式的革命"，从而强调他对这一技巧的重视。这种观点的革命性在于告诉对方：你不能问生活的意义是什么；对你来说，这是个毫无意义的问题。相反，生活本身向你提出了这个问题。你的任务是回答这个问题，而不是提出这个问题。你通过对自己的生活负责来回答这个问题；而且，你不是用语言来回答，而是用行动来回答。

弗兰克尔的治疗取向被称作"意义疗法"（logotherapy），这一取向认为一个人"最关心的是实现某种意义"。弗兰克尔以某种开玩笑的方式描述他的意义疗法：在这种治疗中，一个人不是躺在沙发上，说一些难以启齿的话；而是笔直地坐着，听一些很不讨人喜欢的话。在意义疗法中，来访者需要"面对并重建自己生活的意义"。按照弗兰克尔的理解，患有神经症的人是在试图逃避自己的生活任务。

意义治疗师能够将他们自己的人生观和价值观强加给来访者吗？弗兰克尔认为这是不可接受的。而且他声称，这种情况是可以避免的。解决的办法就在于践行这句箴言："做人……就是要自觉和负责"。因此，意义疗法的目标就是"引导人们意识到自己的责任"。弗兰克尔认为，指使一个人跨越这一点既不可能也没必要。我们的目标就是引导来访者深刻体验自己的责任。这意味着发现他的个人任务和个人承诺，而后者将给他的生活带来独特的意义。这种责任的含义在第 6 章结尾进行过讨论。

弗兰克尔讲过这样一个故事：一位年老的、最近丧亲的医生来找他，为自己失去妻子而痛心疾首。弗兰克尔问他："如果您先去世了，而您的妻子仍旧活着，那会发生什么呢？"他说："啊，这对她来说太可怕了，她会多么痛苦啊！"弗兰克尔说道："您看，医生，她现在已经免于这种痛苦了。"

弗兰克尔的这个故事展示了一种帮助人们克服痛苦的方法。他指出帮助人们在自己所处在情境中找到或构建一种意义，将是多么有价值。面对一个遭受疾病、事故、离婚、解雇或其他不幸打击的人，提出这个问题可能会很有帮助："对你来说，此刻以这种方式受苦具有什么意义？"

如果来访者觉得自己的处境毫无意义，这一事实必须得到充分的尊重。要求一个人必须在无意义的处境中找到一些意义，哪怕是暗示一下，也是对这个人的痛苦处境的冒犯。但是，如果这种无意义的体验得到完全的尊重和理解，生命力的微弱之光就会开始闪烁。当一个人经历了一段时间的无意义状态后，在生活中找到某种模式或一致性的需要经常会自发出现。这个人可能会把意外改变自己生活的事件看作一种经验或教训，他必须从中得出一些其他的含义。

在纷乱的世界中追求有意义的生活

从根本上说，我们的存在是有意义的还是无意义的？生命是否有其目的？或者生命只是一个偶然事件，是一片动荡的汪洋——我们只能尽己所能在其中航行？对于这个问题，存在主义理论家有不同的看法。

萨特和一些人本主义心理学家强调，我们必须在原始的混乱中做出选择。存在是一个真空，每个人都必须在其中为自己构建生活的意义。选择什么并不重要，坚定地做出选择才是最重要的。一个人是自身存在的创造者。

弗兰克尔对这种情况有不同的看法。在他看来，一个人的生活目标并不是任意选择的。相反，未来的任务已经摆在那里，等待着我们每一个人。我们都必须睁大眼睛，发现那里有什么，并觉察生活到底意味着什么，有哪些任务在等着我们。我们所处的情境将给予我们最合适的选择。

归根结底，没有人知道这个世界的真实本质：它是混乱无序的，还是秩序井然的？然而，从存在主义的角度来看，无可争辩的是，对意义的寻求是人性的基本特征。生活就像游走在一根钢丝之上：一端有意义，另一端是无意义。我们偶尔会瞥见下方的深渊，看到混乱和偶然。我们与外界进行抗争——希望保持平衡，看到目标，勇往直前，找到一些真正重要的东西。

生活意义是由人生的一系列活动所构成的。意义在活动中传达形式和结构，赋予存在以连贯性和一致性。

正如第1章所述，生活意义与生活感受、生活勇气和生命能量有关。生活的意义从何而来？生活意义源于我们每个人的生命之根——那个深邃而不可侵犯的核心，它起初是生物性的，但在人类心灵中经历了一场转变，逐渐与他人的存在紧密相连，与比自身更伟大的事物联系在一起。

生活意义和存在性幸福之间也有密切的关系。正如第2章所讨论的，存在性幸福有三个方面，每一个方面都可能使你的生活充满意义：身体层面的幸福，是一种与生俱来的有意义的存在方式，享受运动、舞蹈、奔跑、感受和放松，不去预设任何问题或答案；对死亡的清醒认识，使你能够感受到日常活动的满足和意义，因为你知道生命是有限的，因此决定将你的有生之年追求合适的目标，并与他人分享你存在的价值；精神性的幸福，会为你的生活赋予一种特别的意义，这种意义源于你将自己归属于更伟大的事物。

因此，在一个人生活中寻找丰富而完整的意义，包括两个方面：一方面是学会珍惜已经存在的东西，学会享受和感激生活中提供的所有感官快乐、情绪体验，以及智力和社会方面的挑战；另一方面是承认和欣赏宇宙中存在一些比自己更重要、更伟大的事物，你可以通过对孕育自己的世界做出贡献而获得最大的满足。

　　这便将生活意义和责任联系起来了。如果你像第 6 章结尾所描述的，负责地生活，你的生命将充满意义。负责地生活，不仅意味着拥抱你自己和身边的人，还意味着拥抱这个世界。存在主义思想在这一点上经常被严重误解。许多人似乎认为，对自己的生活进行反思，就意味着你应该关注自己的内心，把注意力放在自己身上，远离这个喧嚣的世界。再没有比这更糟糕的误解了。

　　一个人存在就是向外面的世界伸出你的手。这个世界正在燃烧，需要所有善良和聪明的人的关注。这个世界上有贫穷、战争、难民、种族主义、仇恨、疾病、饥饿和气候巨变，也有神奇的大自然和许多人类奇迹。在你走过的每条街道上，你可能会遇到许多需要关注的不幸，也可能会遇到善良友好的微笑。外面有一个世界在呼唤你，等待你，为你的生活赋予意义。

　　最后，要过有意义的生活，有一个方面不应该被忘记，即不断地反思这些问题：对我们人类来说，什么是真正重要的？什么使我的生活更值得过下去？

附录一

存在主义学者及其主要著作

这份名单包括了一些存在主义心理学和精神病学先驱,以及一些具有影响力的存在主义哲学家和思想家。这些人物大多活跃在 20 世纪,本书主要关注的是他们深厚思想中的存在主义心理学方面。

路德维格·宾斯旺格(Binswanger Ludwig,1881—1966),瑞士精神病学家

宾斯旺格出生于克罗伊茨林根,在洛桑大学、海德堡大学和苏黎世大学学习医学并专攻精神病学。他于 1907 年获得博士学位;并在 1910 至 1956 年间,担任克罗伊茨林根市贝尔维尤疗养院的院长。

宾斯旺格最初作为精神分析师接受训练,但他后来建立了所谓的存在分析(existential analysis),即此在分析(*Daseinanalysis*);它不同于弗洛伊德的学说,其方法和程序以

胡塞尔现象学和海德格尔存在主义哲学为基础。作为少数偏离弗洛伊德学说的精神分析师之一，宾斯旺格成功地与弗洛伊德保持了终身合作。宾斯旺格的特点在于，他尝试从现象学和存在主义角度来理解精神病。他的主要著作包括：《人类存在的基本结构和理解》(*The basic structure and understanding of human existence*, 1942)和著名的案例故事"埃伦·梅的案例"，后者收录于梅、安吉尔和艾伦伯格主编的《存在》(*Existence*, 1958)一书。

宾斯旺格通常被认为是存在主义疗法的建立者，也是存在主义心理学领域的重要理论家。在欧洲大陆，他的工作由博斯所继承；而罗洛·梅进一步拓展了他的工作，并使其理论在美国和英国为人所知。

奥托·博尔诺（Bollnow Otto, 1903—1991），德国哲学家和教育思想家

博尔诺出生于斯德丁（今波兰什切青），在哥廷根大学和弗赖堡大学学习数学、物理和哲学。1938年至1970年间，他曾担任吉森大学、基尔大学、美因茨大学和图宾根大学的哲学、心理学和教育学教授。

博尔诺努力建立一种哲学人类学，也就是关于人类是什么的哲学。他受到海德格尔的启发，提出了关于情绪、危机、人际关系和个人成熟等现象的理论。他的主要著作包括：《情绪的本质》(*The nature of moods*, 1941/1995)、《存在主义哲学和教育》(*Existential philosophy and education*, 1959)和《危机和新的开始》(Crisis and new beginning, 1966/1987)。

对许多存在主义心理学家来说，博尔诺这个名字似乎并不怎么熟悉，但他对哲学和教育的理论贡献，显然与心理学和治疗息息相关。

梅达尔·博斯（Boss Medard, 1903—1990），瑞士精神病学家

博斯出生于圣加仑市，在苏黎世、巴黎、维也纳和伦敦等地学习医学。1947年，他被任命为苏黎世大学哲学系主任。

博斯立足于临床工作，在德国哲学家海德格尔的深刻影响下，建立了一种存在主义治疗的理论，包括释梦的现象学方法。他的主要著作包括：《性倒错的意义和内容》(Meaning and content of sexual perversions, 1946/1949)、《梦的分析》(The analysis of dreams, 1953/1958)、《精神分析和此在分析》(Psychoanalysis and Daseins analysis, 1957/1963) 和《医学和心理学的存在主义基础》(Existential foundations of medicine and psychology, 1994)。

由于其坚定不移的立场，博斯成为存在主义心理学和治疗领域的主要人物之一，并被认为是欧洲大陆这一领域最杰出的代表。

马丁·布伯（Buber Martin, 1878—1965），奥地利裔以色列哲学家

布伯出生于维也纳，曾在维也纳大学、柏林大学、莱比锡大学和苏黎世大学主修哲学；1923年至1933年间，在法兰克福大学担任哲学和犹太宗教思想系主任；1938年至1951年间，在耶路撒冷大学担任社会哲学系主任。

布伯受到犹太思想的启发，建立了一种关于人的本质的伦理学和哲学；其基本观点是，人与人之间的对话关系界定了人的本质。他的主要著作包括：《我与你》(I and thou，1923/1983)和《人与人之间》(Between man and man，1929/1947)。

通过强调社群和对话的重要性，布伯对存在主义心理学的发展起到了重要作用，并对存在主义精神病学家罗纳德·莱恩产生了直接影响。

夏洛特·布勒（Bühler Charlotte，1893—1974），德裔美国心理学家

布勒出生于柏林，1918年在慕尼黑获得博士学位。1926年，她与丈夫卡尔·布勒一起创立了维也纳心理学院，并担任儿童心理学部门的负责人。1964年，布勒参与了美国人本主义心理学会的建立，并于1965年至1966年间担任该学会主席。

布勒的主要贡献之一是，她提出了一种更积极、更有活力的儿童心理学观点，而摒弃了当时流行的精神分析观点。个人发展和追求自我实现，是她理解人类心理的关键词。她的主要著作是《人类生命的历程：人本主义视角下的目标研究》（与马萨里克合著，The course of human life: Study of goals in a humanistic perspective，1968）。

作为美国人本主义心理学会的领军人物，夏洛特·布勒间接地为美国心理学的存在主义取向铺平了道路。

吉翁·康德劳（Condrau Gion, 1919—2006），瑞士精神病学家

康德劳出生于瑞士，在伯尔尼大学学习医学，后来在苏黎世大学学习哲学、心理学和社会学。他于1944年获得医学博士学位，并在1949年获得哲学博士学位。他是一名神经病学家、精神病学家和心理治疗师，曾在苏黎世大学教授医学，在弗赖堡大学教授哲学。此外，他长期担任国际此在分析联合会的主席。

康德劳是海德格尔和博斯的学生。他的研究主要集中于精神分析和此在分析之间的异同。他的主要著作包括：《马丁·海德格尔对心理治疗的影响》(*Martin Heidegger's impact on psychotherapy*, 1989/1998) 和《人及其死亡》(*Man and his death*, 1991)。

康德劳发展了博斯的存在分析。在博斯去世后，他成为欧洲大陆这一领域的领军人物。

埃米·凡·德意珍（Deurzen Emmy van, 1951— ），荷兰裔英国心理学家和心理治疗师

德意珍出生于荷兰，曾在法国学习心理学、心理治疗和哲学。德意珍现在是伦敦心理咨询与治疗新学院以及谢菲尔德大

学的教授。她还是存在分析协会的建立者和前任主席。

德意珍将人类问题理解为由生命的基本存在悖论所引起的，而不是在社会、文化、生物学或个人病理学中寻求对这些问题的解释。她的主要著作包括：《日常神秘：心理治疗的存在主义维度》（*Everyday mysteries: Existential dimensions of psychotherapy*，1997）和《存在主义心理咨询》（*Existential counselling and psychotherapy in practice*，2002）。

德意珍是将存在主义哲学思想与日常临床工作结合起来的先驱，并且以清晰易懂的语言表达了这种结合。

维克多·弗兰克尔（Frankl Viktor，1905—1997），奥地利精神病学家

弗兰克尔于1949年在维也纳大学获得博士学位，并作为精神病学和神经病学教授在那里工作多年。此外，他还被美国许多所大学聘为访问教授和名誉教授，其中包括哈佛大学和斯坦福大学。他创立了一种存在主义取向的心理疗法，被称为"意义疗法"。

在弗洛伊德和阿德勒学说的基础上，弗兰克尔发展出了他的意义疗法（或者说存在分析）。他关于人类寻求生命意义的理论，受到现象学以及他在纳粹集中营经历的启发。他的主要著作包括：《医生与灵魂：从心理治疗到意义治疗》（*The Doctor and the Soul: From Psychotherapy to Logotherapy*，1946/1973）、《无意识的上帝：心理治疗和神学》（*The Uncons-*

cious God: Psychotherapy and Theology，1948/1975）、《活出生命的意义》(Man's Search for Meaning，1959) 和《心理治疗和存在主义》(Psychotherapy and Existentialism，1967)。

弗兰克尔令人信服地指出，寻求生命意义是人类的根本所在，应该被置于心理治疗的中心位置。他的作品也受到了极大的欢迎。因此，存在主义议程被他带到了心理治疗中。

保罗·弗莱雷（Freire Paulo，1921—1997），巴西教育家和改革家

弗莱雷出生于巴西，在累西腓大学学习哲学和心理学。1959年，他获得博士学位，后来在累西腓大学任教。20世纪70年代初，他担任瑞士世界教会理事会教育组织的秘书，并协助世界各国实施教育改革。1988年，他担任圣保罗市教育局局长。

弗莱雷采取了一种社会性和批判性的教育方法，根据这种方法，人的生活状况可以基于个人历史和集体历史、压迫和争取自由之间的张力来理解。在弗莱雷看来，通过了解生活，实现自由是可能的。他的主要著作包括：《被压迫者教育学》(Pedagogy of the Oppressed，1968/1970) 和《教育是自由的实践》(Education as the Practice of Freedom，1976)。

弗莱雷对存在主义心理学的重要性在于，他将存在主义思想与社会学和世界政治结合起来，并设计了许多重要的教育项目。

埃里克·弗洛姆（Fromm Erich，1900—1980），德裔美国精神分析学家和社会哲学家

弗洛姆出生于法兰克福，学习过社会学、心理学和哲学。1922 年，他在海德堡大学获得博士学位；1928 至 1931 年间，在法兰克福精神分析研究所担任副研究员。1934 年，弗洛姆移民到美国，在耶鲁大学、纽约大学和密歇根大学任教；1960 年起，在墨西哥国立大学任教。

弗洛姆拥护新弗洛伊德主义，研究人类在文化和社会中的角色。随着个体获得更多的自由，他们越发感到孤独和疏离。弗洛姆希望社会能够帮助人们容纳他们作为人的基本冲突：一方面，我们属于动物王国，依赖于生理需求的满足；另一方面，我们又能够体验、思考、幻想和选择。他的主要著作包括：《逃避自由》（*Escape from freedom*，1941）、《健全的社会》（*The sane society*，1955）和《占有或存在》（*To have or to be?*，1976）。值得一提的还有：《为自己的人》（*Man for himself: An inquiry into the psychology of ethics*，1947）、《爱的艺术》（*The art of loving*，1956）和《人类的破坏性剖析》（*The anatomy of human destructiveness*，1973）。

从狭义上讲，弗洛姆通常不被视为存在主义心理学家，但他的理论与存在主义心理学高度相关。

马丁·海德格尔（Heidegger Martin，1889—1976），德国哲学家

海德格尔出生于巴登，一开始学习神学，后来转学哲学。

1914年，他在弗赖堡大学获得哲学博士学位，并在一段时间内担任胡塞尔的助手。后来，他被任命为马尔堡大学和弗赖堡大学的哲学教授，并在1933年至1934年间担任弗赖堡大学校长。1933年至1945年间，海德格尔是德国纳粹党成员之一；尽管这一选择受到严厉谴责，但他的研究对20世纪哲学具有独特贡献。

海德格尔主要关注的是本体论问题，他运用克尔凯郭尔和尼采的存在主义理论，并结合胡塞尔的现象学来研究这些问题。因此，他详细分析了"存在"（德语为 *Sein*）和"此在"（德语为 *Dasein*）的问题。海德格尔的主要著作包括：《存在与时间》（*Being and time*，1926/2000）和《什么是形而上学》（*What is metaphysics?*，1929/1949）。

海德格尔的哲学影响了宾斯旺格，特别是博斯。博斯和海德格尔一起合作了很多年。

埃德蒙德·胡塞尔（Husserl Edmund, 1859—1938），德国哲学家

胡塞尔曾在莱比锡大学、柏林大学和维也纳大学主修数学；1884年至1886年间，在维也纳大学学习哲学。在获得私人讲师身份之后，胡塞尔首先被任命为哥廷根大学哲学教授；然后在1916年至1928年间，任教于弗赖堡大学。

胡塞尔创立了现象学，它的目标是不带任何先见地接近事物本身。对事物的认识发生在意识或认知活动中，现象本身在这个活动中显现，而对这一过程的描述就是现象学。胡塞尔认为，通过研究这些活动，他可以发现意识的基本结构，即意向性。后期，胡塞尔提出了"生活世界"的概念，认为它是其他经验存在的先决条件。他的主要著作包括：《逻辑调查 I-II》(Logical investigations I-II，1921/1970)，《纯粹现象学和现象学哲学的观念》(第一卷)[Ideas pertaining to a pure phenomenology and to a phenomenological philosophy (first book)，1982]，《欧洲科学的危机与超越论的现象学：现象学哲学入门》(The crisis of European sciences and transcendental phenomenology: An introduction to phenomenological philosophy，1937/1984)。

胡塞尔对存在主义心理学的重要性主要体现于他创立了现象学。

卡尔·雅斯贝尔斯(Jaspers Karl，1883—1969)，德国精神病学家和哲学家

雅斯贝尔斯出生于奥尔登堡，曾在海德堡大学、慕尼黑大学主修法律，后来在柏林大学、哥廷根大学和海德堡大学学习医学和精神病学。1916年，他被任命为海德堡大学心理学教授；1921年，又被任命为哲学教授。后来，雅斯贝尔斯前往瑞士，从1948年起，在巴塞尔大学执教。

雅斯贝尔斯区分了此在(Dasein)和实存(Existenz)：前者是对日常生活的实际处理和通过客观、科学的调查而获得的

有关知识，后者则是本真性存在的丰富世界。后者尤其重要，因为正是这里，我们发现，尽管冒着孤立和孤独的风险，但人类能够体验完全的自由和无限的可能性。他的主要著作包括：《哲学 I-III》(Philosophy I–III，1932)、《普通精神病理学》(General psychopathology，1959)、《卡尔·雅斯贝尔斯：基本哲学著作》(Karl Jaspers: Basic philosophical writings，1986)。

雅斯贝尔斯建立了一套存在主义哲学体系，其复杂性和丰富性可与海德格尔哲学媲美。然而，它在存在主义心理学和治疗中的应用，相对来说仍有待探索。

索伦·克尔凯郭尔（Kierkegaard Søren, 1813—1855），丹麦神学家和哲学家

克尔凯郭尔曾在哥本哈根大学学习哲学和神学。1840年，克尔凯郭尔完成了学业。翌年，他与雷吉娜·奥尔森解除婚约；此后，他过着一种离群索居的生活，同时表现出独特的文学创造力。

在克尔凯郭尔著作中，一个反复出现的主题是存在的三个维度——审美的、伦理的和宗教的；根据克尔凯郭尔的观点，这三个维度始终处于一种紧张的状态。人类存在的最高境界是认识到我们的宗教需求，将其作为对真理的一种主观承诺。他的主要著作包括：《非此即彼》(Either-or，1843/1987)、《焦虑的概念》(The concept of anxiety，1844/1980)、《哲学片段》(Philosophical fragments，1844/1985)、《人生道路诸阶

段》(Stages on life's path, 1845/1988) 和《致死的疾病》(The sickness unto death, 1849/1941)。

尽管今天存在主义心理学的概念和方法与克尔凯郭尔的理论似乎有所不同，但他的重要性怎么高估都不过分。实际上，所有的存在主义思想家都受到他的影响，并在某种程度上依赖他所奠定的基础。

罗纳德·莱恩 (Laing Ronald, 1927—1989)，英国精神病学家
莱恩出生于格拉斯哥，并在格拉斯哥大学学习医学。他是一名精神病学家，1961年至1967年间在伦敦的塔维斯托克研究所工作。他是宾夕法尼亚协会的共同创始人，这个协会为精神病患者开设了多家替代治疗机构，其中包括著名的金斯利会所。

莱恩回顾并批评了当前的精神病理学观点和心理障碍治疗，尤其是精神病的状况。莱恩的观点是，精神病的反应是存在主义危机的结果，源于家庭中有缺陷的互动模式，而后者又因社会中的权力结构所致。他的主要著作包括：《自我和他人》(The self and others, 1961)、《分裂的自我》(The divided self, 1965)、《经验政治和天堂鸟》(The politics of experience and the bird of paradise, 1967)、《家庭政治》(The politics of the family, 1969)、《理智、疯狂和家庭》(与伊斯特森合著，Sanity, madness and the family, 1964)。

莱恩对存在主义心理学的贡献主要在于，他证明了通过对

话可以与精神病患者共情，并与他们进行有意义的交流。

罗洛·梅（May Rollo，1909—1994），美国心理学家

1909 年，罗洛·梅出生于俄亥俄州艾达市。从俄亥俄州的欧柏林学院毕业之后，他在希腊的安纳托利亚学院教了三年英文。回到美国之后，他开始在联合神学院学习。在这里，他与存在主义神学家保罗·蒂利希成为密友，后者对梅的思想产生了巨大影响。

1948 年，梅开始在威廉·阿兰森·怀特精神病学、心理学和精神分析研究所工作，结识了沙利文和弗洛姆等同事。随后，他进入纽约哥伦比亚大学，并在 1949 年获得临床心理学博士学位。1955 年，他受聘于纽约社会研究新学院，并成为哈佛大学、普林斯顿大学和耶鲁大学的客座教授。他研究的核心概念是真诚、责任、超越、"我与你"关系、在场等存在领域。他的主要著作包括：《人的自我寻求》(*Man's search for himself*，1953)、《存在》(*Existence*，1958)、《心理学和人类困境》(*Psychology and the human dilemma*，1967)、《爱与意志》(*Love and will*，1972)、《焦虑的意义》(*The meaning of anxiety*，1977)、《存在之发现》(*The discovery of being*，1983) 和《祈望神话》(*The cry for myth*，1991)。

罗洛·梅是美国存在主义心理学和心理治疗的主要倡导者。他是第一个欣赏宾斯旺格和博斯的存在主义理论的美国人，并且能够以文笔优美、清晰的文笔来表达他的理解。

莫里斯·梅洛-庞蒂，(Merleau-Ponty Maurice，1908—1961)，
法国哲学家

梅洛-庞蒂出生于海滨罗什福尔，1926年至1930年间，在巴黎高等师范学院学习哲学。1949年，梅洛-庞蒂被任命为巴黎索邦大学心理学和教育学教授，以及巴黎法兰西学院哲学教授。他是《现代》(Les temps modernes.)杂志的联合创办人之一。

在黑格尔和胡塞尔等哲学家的影响下，梅洛-庞蒂努力将现象学、存在主义哲学和辩证法结合起来。他的思想特征是两方面的互动交流：一方面是直接的，即敏感性和人的身体性；另一方面是交际语境，即历史和语言语境。他的主要著作包括：《知觉现象学》(Phenomenology of perception，1945)、《可见的与不可见的》(The visible and the invisible，1964)和《意义与无意义》(Sense and non-sense，1968)。

梅洛-庞蒂对存在主义心理学家理解现象学和身体现象起到了重要作用。

弗里德里希·尼采(Nietzsche Friedrich，1844—1900)，德国哲学家

尼采出生于洛肯，在波恩大学学习神学，在莱比锡大学学习古典语言学。1877年，尼采被任命为巴塞尔大学教授，但就在同年，他因健康问题不得不辞去教职。尼采的余生都遭受健康问题的困扰，但这并没有阻碍他写出重要的作品。

尼采的计划是对现有西方价值进行彻底重估。真、善、美等绝对真理要被抛弃，取而代之的是必须建立新的价值，其基础是人类认识到自由而强大的个人活动和权力意志。他的主要著作包括：《查拉斯图特拉如是说》(*Thus spake Zarathustra*, 1883/1961) 和《善恶的彼岸》(*Beyond good and evil*, 1966)。

尼采对存在主义心理学的影响是间接的。他关于主体性、呈现 (unfolding)、责任和选择的概念构成了一系列存在主义主题的背景，而这些主题已经被其他学者所接受和发展。

奥托·兰克 (Rank Otto, 1884—1939)，奥地利哲学家和精神分析学家

兰克出生于维也纳。1912 年，他在维也纳大学获得哲学博士学位；同年，成为维也纳精神分析协会的主席。在很长一段时间内，兰克是弗洛伊德最亲密的伙伴；但在 20 世纪 20 年代，随着他们的关系冷却下来，兰克在精神分析领域失去了地位。后来，他在巴黎和纽约任教和执业。

兰克为人所知，部分是因为他对个人发展和自我实现潜能（包括意志的发展）的兴趣；部分是因为他阐述了艺术和神话对精神分析理论的重要性。他的主要著作包括：《意志治疗和真理与现实》(*Will therapy and truth and reality*, 1968) 和《出生创伤》(*The trauma of birth*, 1973)。

兰克关于意志发展的理论，对罗洛·梅和亚隆的存在主义心理学产生了重要影响。

让-保罗·萨特（Sartre Jean-Paul，1905—1980），法国哲学家和作家

萨特出生于巴黎；1924年至1929年，在巴黎高等师范学院学习哲学。后来，萨特获得奖学金，前往柏林的"法国文化中心"学习现象学和存在主义哲学。直到1944年，他一直在法国担任大学教师，但随后成为独立的自由撰稿人。1945年，萨特成为《现代》杂志的共同创始人。

在黑格尔、胡塞尔和海德格尔等人的影响下，萨特尝试研究现象学和存在主义主题。在他的第一部重要作品中，他断定人的存在是自由的；由于这种激进的自由哲学，他成为法国存在主义的主要人物。在萨特的后期作品中，他将自由理解为社会和历史背景中的自由。他的主要著作包括：《情绪：理论纲要》（The emotions: Outline of a theory，1948）、《辩证理性批判》（Critique of dialectical reason: Theory of practical ensembles，1976）、《存在与虚无》（Being and nothingness，1977）、《存在主义与人类情感》（Existentialism and human emotions，1990）。

萨特对存在主义心理学的重要性，特别体现于他对自由、选择和责任的强调。

厄内斯托·斯皮内利（Spinelli Ernesto，1949— ），意大利裔英国心理学家

斯皮内利出生于意大利，在加拿大和英国学习心理学。斯皮内利曾在伦敦摄政学院担任心理治疗和咨询心理学教授，现

在是该学院的高级研究员。他还是存在分析学会的前任主席。

斯皮内利采用现象学方法来研究心理学，这使我们可以在新的基础上重新考虑心理学中许多既定的主题或问题。在心理治疗中，他特别强调现象学分析和人类的关联性。他的主要著作包括：《解释的世界：现象学心理学入门》（*The interpreted world: An introduction to phenomenological psychology*，1989）、《不为人知的故事：存在主义视角的治疗相遇》（*Tales of unknowing: Therapeutic encounters from an existential perspective*，1997）、《存在主义心理治疗实践：关系世界》（*Practising Existential Psychotherapy: The Relational World*，2007）。

通过现象学询问和关系分析，斯皮内利对存在主义治疗的发展做出了重要贡献。他主要在伦敦从事心理治疗的培训活动。

保罗·蒂利希（Tillich Paul，1886—1965），德国－美国神学家

蒂利希出生于柏林，主修神学和哲学。后来，蒂利希在柏林大学、马尔堡大学、德累斯顿大学和法兰克福大学教授这两门课程。1933 年，他被任命为纽约联合神学院系统神学和宗教哲学教授。从 1956 年起，他成为哈佛大学和芝加哥大学的重要成员。

蒂利希认为，宗教问题源于人类的生活处境，因此应该被视为实际问题而非理论问题。治愈的关键在于与他人的真诚相遇，这是为什么可以在社群中完成对生命的诠释。他的主要著作包括：《系统神学》（*Systematic Theology*，1963/1980）和《存

在的勇气》(*The Courage to Be*，1952/1995)。

蒂利希对存在主义心理学的重要性在于，他提出了生活焦虑和存在勇气的概念。他是罗洛·梅的主要启发者之一。

欧文·亚隆（Yalom Irvin，1931—)，美国精神病学家

亚隆出生于华盛顿特区，他的父母在第一次世界大战后不久从俄罗斯移民到美国。从一开始学习医学的时候，他就知道自己有一天会与精神病学打交道。1973年，他成为斯坦福大学医学院的精神病学教授。他现在是一位名誉教授，并且是一名心理治疗师和作家。

多年来，亚隆因其关于团体治疗和存在主义治疗的著作在同行和普通读者中广为人知。他的主要著作包括：《存在主义心理治疗》(*Existential psychotherapy*，1980)、《团体治疗的理论与实践》(*The theory and practice of group psychotherapy*，第5版，2005)、《给心理治疗师的礼物》(*The gift of therapy*，2002)。

亚隆与罗洛·梅一起，被认为是美国存在主义心理疗法最杰出的代表，他的著作在国际上赢得了极大的赞誉。作为一名以心理治疗为主题的小说家，亚隆也受到广泛的称赞。

附录二

存在主义治疗的基本特征

存在主义心理学的主要应用领域是咨询和治疗。近几十年来，现代人的心理问题在本质上越来越具有存在性，而不是以任何特定的疾病为特征。心理问题的这种发展与传统、稳定的社会向现代社会的过渡有关；在现代社会中，每个人都有责任选择自己生活中的重要方面。

如今，存在主义观点已经成为某些治疗流派的一部分，许多治疗师认为自己是从存在主义视角来工作的。然而，在下文中，我将以最纯粹的形式来描述存在主义治疗，尽管其创立者包括瑞士的宾斯旺格、博斯，奥地利的弗兰克尔，英国的莱恩、斯皮内利和凡·德意珍，美国的亚隆和罗洛·梅，等等。总的来说，存在主义治疗具有以下显著特征：

1. 存在主义治疗在问询和谈话中始终运用现象学方法。治疗师不执著于因果关系，也不会问"你认为自己为什么会有那种感觉"。相反，他们会说："试着向我描述一下你现在的生活，尽可能地详细和具体。"通过这种详细的描述，治疗谈话会逐渐展开来访者的生活经验，使其自行呈现在来访者和治疗师所建构的空间里。

2. 治疗谈话是基于来访者与治疗师之间直接的个人关系，而不是移情关系。同时，存在主义疗法强调治疗师和来访者之间相互尊重，平等对话。它不鼓励只是治疗师提出问题、来访者回答问题的谈话形式。这种不对等性被视为对来访者自主性的损害。相反，它鼓励我们对来访者的状况进行合作性检查。理想的状态是两个人齐心协力，对呈现在眼前的事物（即来访者的生活）感到好奇。亚隆采用"旅途伙伴"（fellow travellers）这个词来表达这种愿景。

3. 存在主义治疗对话会检视日常经验和基本存在处境之间的关系。在有些情况下，这些关系是不言而喻的，比如在遭受袭击、疾病或意外之后的危机体验中，这种冲击感会自动触及存在的深度。在其他情况下，某个日常事件和基本存在处境之间的关系，可能需要进行更具反思性的探索。"啊，不，我似乎总是时间不够用，我必须快点"这样的日常经验，在某种程度上可能与个人无法接受生命终结有关。

在这种情况下，存在主义治疗师将尝试建立一种本体论的联系（海德格尔的术语，即实在的日常层面和本体论的存在层面之间的联系）。这种联系将促进来访者直接参与他们的基本存在处境。与基本存在情境（如死亡）保持一种平静的关系，将使一个人走向更自由、更开放和更有根基的生活。

4. 存在主义治疗几乎不怎么强调诊断。如果精神病学系统提供了这样的诊断，它们可能会成为谈话的一部分；在谈话中，来访者和治疗师会一起思考如何使用这些诊断。此外，治疗师通常也不会刻意追溯来访者的童年经历，因为童年和父母并不被视为必须立即"摆上台面"的病因。相反，诊断和童年经历很容易阻碍或遮蔽来访者对其生命潜能的洞察。存在主义治疗会直接处理来访者当前的生活处境，正是当前的生活处境导致了来访者和治疗师现在的会面。此外，来访者会详细描述他们的生活处境，不仅是消极的方面，也包括积极的方面。

对来访者处境的最初定位，有时是基于对来访者各个生活领域的探索：工作、教育、家庭、娱乐、个人生活，等等。这个探索可以根据四维（身体的、社会的、个人的和精神的）生活世界的理论被结构化，它是由凡·德意珍基于宾斯旺格的经典理论而提出的。根据这个四维理论，若在其中某个世界或生活领域无法栖居，很容易导致其他领域也出现问题。例如，如果你在个人生活领域感到不自在，也就是说，如果你对自己没有一种基本的认识，这往往会使你在社会交往中感到不足，并且会破坏你与自己身体的关系。

因此，治疗过程的第一步是描述和澄清来访者当前的生活。然后，将来访者对自己过去和未来的看法作为中心主题，这样一个人在空间和时间上的立场就都被包括进来了。

5. 存在主义治疗的目的通常被视为使来访者过上尽可能丰富多彩的生活，并在现代世界中展现和释放他们的潜能，因为他们生活在一种困境中。存在主义治疗的主要目标不是消除症状，即使这些症状可能会得到缓解。最重要的是，用博斯的话来说，这个人将越来越能够自由和开放地与这个世界相遇。与一些人本主义心理学家截然相反，博斯不断强调个体不能被孤立地看待，而应该总是在他们的关系中，在他们的"在世之在"状况中被理解。博斯将这种"在世之在"的理想状态描述为"从容快乐的平静"，这时个体将以清醒和开放的心态拥抱着世界。

参考文献

Alberoni, F. (1996). *I love you*. Milano: Cooperativa Libraria IULM.

Allport, G.B. (1961). *Pattern and growth in personality*. New York: Holt, Rinehart & Winston.

Amundsen, R. (1987). *Livets speil. Opplevelser på dødens terskel*. [The mirror of life. Experiences on the threshold of death]. Oslo: Aventura.

Argyle, M. (2001). *The psychology of happiness*. London: Routledge. Benson, H. (2000). *The relaxation response*. New York: Quill.

Berger, P.L. & Luckmann, T. (1991). *The social construction of reality. A treatise in the sociology of knowledge*. London: Penguin.

Binswanger, L. (1942/1993). *Grundformen und Erkenntnis menschlichen Daseins* [The basic structure and understanding of human existence]. Kröning: Roland Asanger Verlag. Boadella, D. (1987). *Lifestreams: An introduction to biosynthesis*. London: Routledge & Kegan Paul.

Bollnow, O.F. (1941/1995). *Das Wesen der Stimmungen*. [The Nature of Moods] Frankfurt am Main: Klostermann Vittorio.

Bollnow, O.F. (1959). *Existenzphilosophie und Pädagogik*. [Existential philosophy and education] Stuttgart: Kohlhammer.

Bollnow, O.F. (1966/1987). *Crisis and new beginning: Contributions to pedagogical anthropology*. Pittsburgh: Duquesne University Press.

Boss, M. (1946/1949). *Meaning and content of sexual perversions: A Daseinsanalytic approach to the psychopathology of the phenomenon of love.* New York: Grune & Stratton.

Boss, M. (1957/1963). *Psychoanalysis and Daseins analysis.* New York: Basic Books.

Boss, M. (1953/1958). *The analysis of dreams.* New York: Philosophical Library.

Boss, M. (1990). Anxiety, guilt and psychotherapeutic liberation. In K. Hoeller (Ed.), *Readings in existential psychology and psychiatry.* Special edition of *Review of Existential Psychology and Psychiatry.*

Boss, M. (1994). *Existential foundations of medicine and psychology.* New Jersey, NJ: Aronson.

Buber, M. (1923/1983). *I and thou.* Edinburgh: T & T Clark.

Buber, M. (1929/1947). *Between man and man.* London: Kegan Paul.

Buber, M. (1965/1988). *The knowledge of man: Selected essays.* Atlantic Highlands, NJ: Humanities Press International.

Bugental, J.F.T. (1987). *The art of the psychotherapist.* New York: Norton.

Bühler, C. (1959). *Der menschliche Lebenslauf als psychologisches Problem.* [The course of human life as a psychological problem]. Göttingen: Verlag für Psychologie.

Bühler, C. (1961). Old age and fulfilment of life with considerations of use of time in old age. *Vita Humana, 4,* 129–133.

Bühler, C. (1968a). The integrating Self. In C. Bühler & F. Massarik (Eds), *The course of human life. A study of goals in the humanistic perspective.* New York: Springer.

Bühler, C. (1968b). The course of the human life as a psychological problem. *Human Development, 2,* 184–200.

Bühler, C. & Massarik, F. (1968). *The course of the human life. A study of goals in a humanistic perspective.* New York: Springer.

Cohn, H. (1993). Authenticity and the aims of psychotherapy. *Journal of the Society for Existential Analysis, 4,* 48–56.

Condrau, G. (1989). *Daseinsanalys: philosophisch-anthropologische Grundlagen: die Bedeu-tung der Sprache.* [Daseins-analysis: Philosophical-anthropological Foundation: The Meaning of Language]. Freiburg: Universitätsverlag.

Condrau, G. (1991). *Der Mensch und sein Tod.* [Man and his death]. Zürich: Kreuz Verlag. Condrau, G. (1989/1998). *Martin Heidegger's impact on psychotherapy.*

Dublin: Edition Mosaic.

Cooper, M. (2003). *Existential therapies.* London: Sage.

Csikszentmihalyi, M. (1992). *Optimal experience: Psychological studies of flow in conscious-ness.* Cambridge: Cambridge University Press.

Deurzen-Smith, E. van (1995). Heidegger and psychotherapy. *Journal of the Society for Existential Analysis, 6(2),* 13–25.

Deurzen-Smith, E. van (1997). *Everyday mysteries. Existential dimensions of psychotherapy.* London: Routledge.

Deurzen, E. van (2002). *Existential counselling and psychotherapy in practice.* London: Sage. Deurzen, E. van & Arnold-Baker, C. (2005). *Existential perspectives on human issues. A handbook for therapeutic practice.* New York: Palgrave Macmillan.

Diener, E., Lucas, R. & Oishi, S. (2002). Subjective well-being. The science of happiness and life satisfaction. In C.R. Snyder & S.J. Lopez (Eds), *Handbook of positive psychology.* Oxford: Oxford University Press.

Eleftheriadou, Z. (1997). The cross-cultural experience – integration or isolation. In S. du Plock (Ed.), *Case studies in existential psychology.* London: Wiley.

Elklit, A., Andersen, L.B. & Arctander, T. (1995). Scandinavian Star. Part II. *Psykologisk skriftserie Århus, 20*(2).

Erikson, E. (1959). Growth and crisis of the healthy personality. *Psychological Issues, 1,* 50–100.

Fennell, M. (1989). Depression. In K. Hawton, P.M. Salskovskis, J. Kirk & D.M. Clark (Eds), *Cognitive behaviour for psychiatric problems.* Oxford: Oxford University Press.

Flynn, C.P. (1984). Meanings and implications of near-death experience transformations. In B. Greysen & C.P. Flynne (Eds), *The near-death experience. Problems. Prospects. Perspectives.* Springfield, IL: C.C. Thomas.

Frankl, V.E. (1948/1975). *The unconscious god: Psychotherapy and theology.* New York: Simon & Schuster.

Frankl, V.E. (1959). *Man's search for meaning: An introduction to logotherapy.* Boston: Beacon Press.

Frankl, V.E. (1966). *The doctor and the soul: From psychotherapy to logotherapy.* New York: Alfred A. knopf.

Frankl, V.E. (1967). *Psychotherapy and existentialism: Selected papers on logotherapy.*

New York: Simon & Schuster.

Freire, P. (1968/1970). *Pedagogy of the oppressed*. New York: Continuum.

Freire, P. (1976). *Education as the practice of freedom*. London: Writers' and Readers' Publishing Cooperative.

Freud, S. (1895/1955). *Studies on hysteria*, Standard Edition, vol. II. London: Hogarth Press. Fromm, E. (1947). *Man for himself. An inquiry into the psychology of ethics*. New York: Rinehart & Co.

Fromm, E. (1956a). *The sane society*. London: Routledge.

Fromm, E. (1956b). *The art of loving*. New York: Harper & Bros. Fromm, E. (1960). *The fear of freedom*. London: Routledge.

Fromm, E. (1973). *The anatomy of human destructiveness*. New York: Holt, Rinehart and Winston.

Fromm, E. (1976). *To have or to be?* New York: Harper and Row.

Giddens, A. (2001). *Modernity and self-identity. Self and Society in the late modern age*. Cambridge: Polity.

Giorgi, A. (1970). *Psychology as a human science. A phenomenologically based approach*. New York: Harper & Row.

Giorgi, A. (2001). The search for the psyche. In K.J. Schneider, J.F.T. Bugental & J.F. Pierson (Eds), *The handbook on humanistic psychology*. London: Sage.

Harding, S. (1986). *Contrasting values in Western Europe: Unity, diversity and change*. Bastingstoke: Macmillian in association with the European Value Systems Study Group. Hayes, S.C., Strosahl, K.D. & Wilson, K.G. (1999). *Acceptance and commitment therapy. An experimental approach to behavior change*. New York: Guilford Press. Heidegger, M. (1926/2000). *Being and time*. Oxford: Blackwell.

Heidegger, M. (1929/1949) *What is metaphysics*. Chicago, IL: Henry Regnery.

Hesse, H. (1974). *Demian. The story of Emil Sinclair's youth*. New York: Harper & Row. Hesse, H. (1998). *Siddhartha*. London: Picador.

Holzhey-Kunz, A. (1994). *Leiden am Dasein. Die Daseinsanalyse und die Aufgabe einer Hermeneutik psychopathologischer Phänomene*. Wien: Passagen Verlag.

Holzhey-Kunz, A. (1996). What defines the Daseinsanalytic process? *Journal of the Society for Existential Analysis, 8*, 93–104.

Husserl, E. (1937/1984). *The crisis of European sciences and transcendental phenomenology: An introduction to phenomenological philosophy*. Evanston, IL: Northwestern University Press.

Husserl, E. (1921/1970). *Logical investigations I–II.* New York: Humanities Press.

Husserl, E. (1982). *Ideas pertaining to a pure phenomenology and to a phenomenological philosophy (first book)*. Dordrecht: Kluwer.

Jacobi, J. (1983). *The way of individuation*. New York: New American Library.

Jacobsen, B. (1984). The negation of apathy: On educating the public in nuclear matters. In Bishop of Salisbury et al: *Lessons before midnight: Educating for reason in nuclear matters. Bedford Way Papers 19*. London: University of London Institute of Education & Heinemann Books.

Jacobsen, B. (1985). Does educational psychology contribute to the solution of educational problems? In J. White (Ed.), *Psychology and schooling: What is the matter? Bedford Way Papers 25*. London: University of London Institute of Education & Heinemann Books.

Jacobsen, B. (1989). The concept and problem of public enlightenment. *International Journal of Lifelong Education, 8,* 127–137.

Jacobsen, B. (1994a) The role of participants' life experiences in adult education. In P. Jarvis & F. Pöggeler (Eds), *Developments in the education of adults in Europe*. Frankfurt: Peter Lang.

Jacobsen, B. (1994b). Trends, problems and potentials in the Danish system of adult education: A theoretical view. *International Journal of Lifelong Education, 13*(3), 217–225.

Jacobsen, B. (1997). Working with existential groups. In S. du Plock (Ed.), *Case studies in existential psychotherapy*. London: Wiley.

Jacobsen, B. (2003). Is gift-giving the core of existential therapy? A discussion with Irvin D. Yalom. *Existential Analysis, 14(2)*, 345–353.

Jacobsen, B. (2004). The life crisis in a dasein-analytic perspective: Can trauma and crisis be seen as an aid in personal development? *Daseinanalyse. Jahrbuch für phänomenologische Anthropologie und Psychotherapie. Daseinsanalyse.* Wien no. 20, 302–315.

Jacobsen, B. (2005). Values and beliefs. In E. van Deurzen and C. Arnold-Baker (Eds), *Existential perspectives on human issues: A handbook for therapeutic practice*.

Basingstoke: Palgrave Macmillan, 236–244.

Jacobsen, B. (2006). The life crisis in a existential perspective: Can trauma and crisis be seen as an aid personal development? *Existential Analysis, 17*(1), 39–54.

Jacobsen, B. (2007). What is happiness? The concept of happiness in existential psychology and therapy. *Existential Analysis, 18*(1), 39–50.

Jacobsen, B., Jørgensen, S.D. & Jørgensen, S.E. (2000). The world of the cancer patient from an existential perspective. *Journal of the Society for Existential Analysis, 11*(1), 122–135.

Janoff-Bullman, R. (1992). *Shattered assumptions. Towards a new psychology of trauma.* New York: The Free Press.

Jaspers, K. (1932). *Philosophy.* Vol.2. Chicago, IL: University of Chicago Press.

Jaspers, K. (1959/1997). *General psychopathology.* Baltimore, MD: Johns Hopkin Univer-sity Press.

Jaspers, K. (1986). *Karl Jaspers: Basic philosophical writings.* New Jersey: Humanities Press.

Jaspers, K. (1994). *Philosophie II. Existenzerhellung.* [Philosophy II. Illumination of existence] München: Piper.

John, O.P. & Srivastava, S. (1999). The big five trait taxonomy. In Pervin, L.A. & John, O.P. (Eds), *Handbook of personality. Theory and research.* New York: The Guilford Press.

Kabat-Zinn, J. (1990). *Full catastrophe living. How to cope with stress, pain and illness using mindfulness meditation.* London: Judy Piatkus.

Kagan, R. (2004). *Of paradise and power: America and Europe in the new world order.* New York: Vintage.

Kaplan, R.M. & T.L. Patterson (1993). *Health and human behaviour.* Singapore: McGraw Hill.

Kierkegaard, S. (1843/1987). *Either/or.* Princeton, NJ: Princeton University Press.

Kierkegaard, S. (1844a/1980). *The concept of anxiety.* Princeton, NJ: Princeton University Press.

Kierkegaard, S. (1844b/1985). *Philosophical fragments. Johannes Climacus.* Princeton, NJ: Princeton University Press.

Kierkegaard, S. (1845/1988). *Stages on life's way.* Princeton, NJ: Princeton University Press.

Kierkegaard, S. (1846/1941). *Concluding unscientific postscript.* Princeton, NJ:

Princeton University Press.

Kierkegaard, S. (1849/1941). *The sickness unto death*. Princeton, NJ: Princeton University Press.

Kierkegaard, S. (1850/1967). *Training in Christianity and the edifying discourse which 'accompanied' it*. Princeton, NJ: Princeton University Press.

Kohut, H. (1971). *The analysis of the self*. New York: International Universities Press.

Kohut, H. (1977). *The restoration of the self*. New York: International Universities Press. Kübler-Ross, E. (1970). *On death and dying*. London: Tavistock.

Laing, R.D. (1961). *Self and others*. London: Tavistock.

Laing, R.D. (1965). *The divided self. An existential study in sanity and madness*. London: Penguin.

Laing, R.D. (1969). *The politics of the family*. Toronto: Canadian Broadcasting Corporation. Laing, R.D. (1967). *The politics of experience and the bird of paradise*. Harmondsworth: Penguin.

Laing, R.D. & Esterson, A. (1964). *Sanity, madness and the family: Vol. 1. Families of schizophrenics*. London: Tavistock.

Lasch, C. (1980). *The culture of narcissism: American life in an age of diminishing expectations*. London: Sphere Books.

Lewin, K. (1938). *Contributions to psychological theory. The conceptual representation and the measurement of psychological forces*. Durham, NC: Duke University Press.

Lewinsohn, P.M. & M. Graf (1973). Pleasant activities and depression. *Journal of Consulting and Clinical Psychology, 41,* 261–268.

Løgstrup, K.E. (1956/1971). *The ethical demand*. Philadelphia, PA: Fortress Press.

Macquarrie, J. (1972). *Existentialism*. Hammondsworth: Penguin.

Mann, T. (1994). *Buddenbrooks. The decline of a family*. London: Everyman's Library.

Marcel, G. (1947). *Homo Viator*. Paris: Aubier.

Marcel, G. (1956). *The philosophy of existentialism*. New York: The Citadel Press.

Maslow, A. (1968). *Toward a psychology of being*. Princeton, NJ: Van Nostrand.

Maslow, A. (1970). *Motivation and personality*. New York: Harper & Row.

May, R. (1953). *Man's search for himself*. New York: Del Rey Books.

May, R. (1967). *Psychology and the human dilemma*. New York: Van Nostrand Reinhold. May, R. (1972). *Love and will*. London: Collins.

May, R. (1977). *The meaning of anxiety*. New York: W.W. Norton.

May, R. (1983). *The discovery of being. Writings in existential psychology*. New York: W.W. Norton & Co.

May, R., Angel, E. & Ellenberger, H.F. (Eds) (1958). *Existence: A new dimension in psychiatry and psychology*. New York: W.W. Norton & Co.

May, R. (1991). *The cry for myth*. New York: W.W. Norton.

Merleau-Ponty, M. (1945/2002). *The phenomenology of perception*. London: Routledge Classics.

Merleau-Ponty, M. (1964/1969). *The visible and the invisible*. Evanston, IL: Northwestern University Press.

Merleau-Ponty, M. (1968). *Sense and non-sense*. Evanston, IL: Northwestern University Press.

Miller, A. (1964). *After the fall; a play*. New York: Viking Press. Montagu, A. (Ed.) (1953). *The meaning of love*. New York: Julian Press.

Moody, R.A. (1975). *Life after life. The investigation of a phenomenon – survival of bodily death*. Atlanta, GA: Mockingbird Books.

Moody, R.A. (1977). *Reflections on life after life*. Harrisburg, PA: Trinity Press. Moody, R.A. (1989). *The light beyond*. New York: Bantam Books.

Morin, E. (1973). *Le paradigme perdu. La nature humaine*. [The Lost Paradigm: Human Nature] Paris: Éditions du Seuil.

Morin, E. & Kern, A.B. (1993). *Terre-Patrie*. [Homeland earth]. Paris: Éditions du Seuil.

Moustakas, C.E. (1972). *Loneliness and love*. Englewood Cliffs, NJ: Prentice-Hall.

Moustakas, C. (1994). *Phenomenological research methods*. Thousand Oaks, CA: Sage.

Nietzsche, F. (1883/1961). *Thus spake Zarathustra: A book for everyone and no one*. Baltimore, MD: Penguin.

Nietzsche, F. (1966). *Beyond good and evil: Prelude to a philosophy of the future*. New York: Vintage Books.

Noyes, R., Jr. (1980). Attitude change following near-death experiences. *Psychiatry, 43*, 1980, 234–241.

Paxton, W. & Dixon, M. (2004). *The state of the nation*. London: Institute for Public Policy Research.

Post, S.G. (2002). The tradition of agape. In S.G. Post *et al.* (Eds), *Altruism and altruistic love*. Oxford: Oxford University Press.

Post, S.G. et al (eds) (2002). *Altruism and altruistic love. Science, philosophy & religion in dialogue*. Oxford: Oxford University Press.

Prasinos, S. & Tittler, B.I. (1984). The existential context of love styles: An empirical study. *Journal of Humanistic Psychology, 24*, 95–112.

Rank, O. (1968). *Will therapy and truth and reality*. New York: Alfred A. Knopf. Rank, O. (1973). *The trauma of birth*. New York: Harper and Row.

Riesman, D. (1974). *The lonely crowd*. Yale: Yale University Press.

Ring, K. (1980). *Life at death. A scientific investigation of the near-death experience*. New York: Coward, McCann & Geoghegan.

Rogers, C. (1959). A theory of therapy, personality and interpersonal relationships, as developed in the client-centered framework. In S. Koch (Ed.) *Psychology. A study of a science*. New York: McGraw-Hill.

Rogers, C. (1961). *On becoming a person*. Boston: Houghton Mifflin.

Sabom, M.B. (1982). *Recollections of death. A medical investigation*. London: Corgi.

Sadler, W.A. (1969). *Existence and love: A new approach to existential phenomenology*. New York: Schribners.

Samuels, A. (1985). *Jung and the post-Jungians*. London: Routledge.

Sartre, J.-P. (1948). *The emotions: Outline of a theory*. New York: Philosophical Library. Sartre, J.-P. (1969/1977). *Being and nothingness: an essay on phenomenological ontology*. London: Methuen.

Sartre, J.-P. (1976). *Critique of dialectical reason: Theory of practical ensembles*. London: NLB. Sartre, J.-P. (1990). *Existentialism and human emotions*. New York: Carol Publishing Group.

Schneider, J. (1984). *Stress, loss and grief. Understanding their origins and growth potential*. Baltimore: University Park Press.

Schneider, K.J. (1998). Toward a science of the heart: Romanticism and the revival of psychology. *American Psychologist, 53*, 277–289.

Seligman, M.E.P. (2002). *Authentic happiness*. New York: Free Press.

Shafer, R. (1992). *Retelling a life: Narration and dialogue in psychoanalysis*. New York: Basic Books.

Sheridan, C.L. & Radmachter, S.A. (1992). *Health psychology*. Singapore: Wiley.

Sober, E. & Wilson, D.S. (1998). *Unto others. The evolution and psychology of unselfish behavior*. Cambridge, MA: Harvard University Press.

Sorokin, P.A. (1954). *The ways and power of love. Types, factors and techniques of moral transformation*. Boston, IL: Beacon Press.

Spinelli, E. (1989/2005). *The interpreted world. An introduction to phenomenological psychology*. London: Sage.

Spinelli, E. (1994). *Demystifying therapy*. London: Constable.

Spinelli, E. (1996). The vagaries of the self. *Journal of the Society for Existential Analysis*, 7(2), 56–68.

Spinelli, E. (1997). *Tales of un-knowing. Therapeutic encounters from an existential perspective*. London: Duckworth.

Spinelli, E. (2007). *Practising existential psychotherapy: The relational world*. London: Sage.

Stern, D.N. (2000). *The interpersonal world of the infant: A view from psychoanalysis and developmental psychology*. New York: Basic Books.

Tillich, P. (1963/1980). *Systematic theology*. Chicago, IL: University of Chicago Press.

Tillich, P. (1980). *The courage to be*. New York: Yale University Press.

Tolstoy, L. (1976). *Death of Ivan Illich and other stories*. New York: New American Library.

Tornstam, L. (1996). Gerotranscendence – a theory about maturing into old age. *Journal of Aging and Identity*, 1, 37–50.

Veenhoven, R. (1993). *Happiness in nations: Subjective appreciation of life in 56 nations 1942–1992*. Rotterdam: Erasmus University.

Warnock, M. (1970). *Existentialism*. London: Oxford University Press.

Willi, J. (1997). *Was hält Paar zusammen?* [What holds couples together?] Tübingen: Rowohlt.

Wulff, D.M. (1997). *Psychology of religion – classic and contemporary*. New York: Wiley & Sons.

Yalom, I.D. (1980). *Existential psychotherapy*. New York: Basic Books.

Yalom, I.D. (2002). *The gift of therapy: Reflections on being a therapist*. London: Piatkus. Yalom, I.D. and Leszcz, M. (1985). *The theory and practice of group therapy*. 5th edn New York: Basic Books.